巧做面食

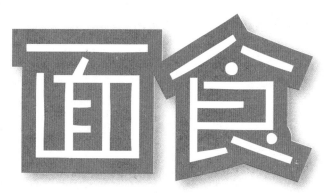

周晟 编著

团结出版社

图书在版编目（ＣＩＰ）数据

巧做面食 / 周晟编著 . -- 北京：团结出版社，
2014.10（2021.1 重印）
ISBN 978-7-5126-2316-3

Ⅰ.①巧… Ⅱ.①周… Ⅲ.①面食－食谱 Ⅳ.
① TS972.132

中国版本图书馆 CIP 数据核字 (2013) 第 302499 号

出　　版：团结出版社
　　　　　（北京市东城区东皇城根南街 84 号　　邮编：100006）
电　　话：（010）65228880　65244790（出版社）
　　　　　（010）65238766　85113874 65133603（发行部）
　　　　　（010）65133603（邮购）
网　　址：http://www.tjpress.com
E-mail：65244790@163.com（出版社）
　　　　　fx65133603@163.com（发行部邮购）
经　　销：全国新华书店
排　　版：腾飞文化
图片提供：邴吉和　黄　勇
印　　刷：三河市天润建兴印务有限公司

开　　本：700×1000 毫米　1 /16
印　　张：11
印　　数：5000
字　　数：90 千字
版　　次：2014 年 10 月第 1 版
印　　次：2021 年 1 月第 6 次印刷

书　　号：978-7-5126-2316-3
定　　价：45.00 元

　　面食有着久远的历史，在农业生产技术尚不发达的古代，人们就多以面食为生。面食是全世界人共享的食物，人类在繁衍生息的过程中，对面食的烹制手法进行着各种探索。在探索创新的过程中，不同地域的人，将自己制作的面食融入了自己地域的文化。渐渐地，面食已不仅仅是一种供人类生存的食物了，而更多地体现着一个地域的文化。比如河南烩面的生成是因为时逢战乱，一位厨师不想浪费粮食，就将前一天剩下的面团和一些菜烩在了一起，结果吃起来还不错。于是，这种烹制手法就沿用至今，而且还成为了当地的特色面食。

　　现在是一个快节奏的时代，人们的生活充斥着各种各样的"快节奏"。时间的紧迫感，让我们在不知不觉中忽略了对食物的重视，当然也就更不可能自己花时间去烹制食物。面食的烹制手法比较复杂，需要时间和耐心才能完成，这也就是为什么大家很少愿意花费"宝贵"的时间来亲自烹制面食，面食的烹制手法也就随之慢慢流失了。如果我们在工作之余，稍微了解下自己喜爱的面食背后的故事，也许我们会偶然间发现其中的意义，也许就会激起我们亲自动手的兴趣。也许在烹制的过程中，自己也会感受到其中的乐趣。

　　本书主要结合面食"煮、蒸、烤、炸、煎、烙"五个基本烹制手法来进行介绍，每一种菜品包括"制作时间、主料、配料、操作步骤、操作要领、营养贴士、

 巧做面食

菜品特点"几大板块。其中营养贴士能给您提供相应的健康小常识，让您根据自己的需要选择相应的菜品。除此之外的其他板块，希望能给您提供一个合理的参考，帮助您将手中的生面团"变"成色味诱人的成品。这不仅是您的心愿，同时也是我们本书的宗旨。

由于本书的编著者专业水平和时间皆有限，可能出现一些误差或者存在一些不足之处，希望您及时向我们反馈出宝贵的、中肯的意见及建议。最后，衷心感谢您对本书的支持。

前言

食概述

面食的概念及演变 —— 2   工具和设备 —— 6

主要原料 —— 3   基本工艺 —— 7

煮 出来的美味

Contents

蒸 出来的美味

目录

Contents

烤 出来的美味

炸 出来的美味

Contents

煎 出来的美味

烙 出来的美味

Contents

巧做 面食

面食概述

面食的概念及演变 <<<

　　面食指的是主要以面粉为原料制成的食物。我国的面食小吃有着悠久的历史，可以追溯到新石器时代，当时可通过石磨的方式加工面粉。在春秋战国时期，已经出现油炸和蒸制的面食。随后，灶具和炊具不断得到改进，人们制作面食的方式也得到了创新，而且面食小吃的原料、品种也随之不断翻新、增加，面食小吃逐渐成为大众化、平民化的食物。面食的种类有很多如面条、馒头、拉条子、麻什、烧饼、饺子、包子等，而且因为我国地大物博，

不同地区逐渐形成了自己的地方风味。如北方的饺子、面条、拉面、煎饼、汤圆、煎饺等；南方的烧卖、春卷、粽子、元宵、油条等。每个地方的风味小吃都风格迥异。如北京的焦圈、蜜麻花、豌豆黄、艾窝窝、炒肝爆肚等；天津的嘎巴菜、狗不理包子、耳朵眼炸糕、贴饽饽熬小鱼、棒槌果子、桂发祥大麻花、五香驴肉等；山东的煎饼等；太原的栲栳、刀削面、揪片；西安的牛羊肉泡馍、乾州锅盔、拉面、油锅盔等；新疆的烤羊肉、烤馕、抓饭等；

上海的蟹壳黄、南翔小笼馒头、小绍兴鸡粥等；江苏的葱油火烧、汤包、三丁包子、蟹黄烧卖等；浙江的酥油饼、重阳栗糕、鲜肉粽子、虾爆鳝面、紫米八宝饭等；福建的蛎饼、手抓面、五香捆蹄、鼎边糊等；台湾的度小月担仔面、鳝鱼伊面、金爪米粉等；海南的煎饼、竹筒饭等；河南的枣锅盔、焦饼、鸡蛋布袋、血茶、鸡丝卷等；安徽的腊八粥、大救驾、徽州饼、豆皮饭等；湖北的三鲜豆皮、云梦炒鱼面、热干面、东坡饼等；湖南的新饭、脑髓卷、米粉、八宝龟羊汤、臭豆腐等；四川的蛋烘糕、龙抄手面、玻璃烧卖、担担面、鸡丝凉面、赖汤圆、宜宾燃面等；贵州的肠旺面、丝娃娃、夜郎面鱼、荷叶糍粑等；云南的卤牛肉、烧饵块、过桥米线等；广西的大肉粽、桂林马肉米粉、炒粉虫等；广东的鸡仔饼、皮蛋酥、冰肉千层酥、月饼、酥皮莲蓉包、刺猬包子、粉果、薄皮鲜虾饺及第粥、玉兔饺、干蒸蟹黄烧卖等。

除此之外，还有很多独具特色的少数民俗风味面食，这些都极大丰富了面食的烹饪文化。

主要原料 <<<

原料主要分为三类：皮坯原料、制馅原料以及调味和辅助原料。下面我们就分别进行简要介绍。

一、皮坯原料

包括米、麦、杂粮及其他三大类。

米类是制作面点的主要原料之一，可以直接加工成面食，也可以磨成粉进行使用。常吃的米分为三种：粳米、籼米、糯米。粳米为椭圆形或圆形，磨成粉状后和糯米掺和使用可制作糕团。籼米为细长或长圆形，磨成粉状后可制作米糕、米粉。糯米为乳白色，多用来制作糕点、粽子、元宵等。

麦类是面点制作的主要原料之一，主要有大麦、小麦、燕麦、莜麦等。大麦具有丰富的膳食纤维，可以制作成口感柔筋的饼、馍。小麦粉是人们常指的"面粉"，一般分为高筋面粉、中筋面粉、低筋面粉。制作面包适宜使用高筋面粉，制作水饺、面条、馒头、包子等适宜使用中筋面粉，制作蛋糕、饼干以及各类菜肴适宜使用低筋面粉。燕麦在国外很受重视，因其富含可溶性纤维素，具有降低、控制血糖的作用，并且对血中胆固醇的含量也有所控制。多食燕麦容易产生腹胀感，所以也是减肥瘦身的好食料。莜麦也叫裸燕麦，其蛋白质含量平均达

15.6%，高出大米 100%、玉米 75%。主要产区在晋西北。

杂粮以及其他原料一般包括玉米、小米、高粱、黄豆、黑豆、绿豆、红小豆、红薯、马铃薯、芋头、薏米等。

每一种原料都有各自的营养价值，我们在食用时，只有做到"不挑食"，才能保证营养均衡。

二、制馅原料

主要包括肉类、蔬菜类和海鲜类三大类，还包括一些特殊的原料，如干料类、果品类、豆及豆制品类以及花类。

猪肉是最为常见的肉类原料，猪的里脊肉、外脊肉、臀尖的肉质最嫩，最适合做馅心。做馅心的牛肉要保证鲜嫩而且无筋络。羊肉主要分为绵羊肉和山羊肉，绵羊肉比较适合做馅心。部分禽类的胸脯肉也可以选做馅心。

蔬菜类馅心的种类就比较多了，而且也是经常使用的馅心。主要的种类有大白菜、韭菜、菠菜、荠菜、白萝卜、胡萝卜等。在选择蔬菜做馅心时，需要注意选择水分较小的蔬菜，如果水分较大，需要进行腌渍或者使用其他方法去掉多余的水分。通常情况下，蔬菜大都和肉类掺和制馅，以减少油腻的口感，而且营养也得到了互补。

海鲜类中最常见的是虾馅的面食，虾中含有高量的蛋白质，且做出来的面食白里透红，很是美观。用鱼做馅心则要选择刺少、肉厚的品种，如大马哈鱼、草鱼、黑鱼等。蟹肉也有很高的营养价值，但制作时注意选用新鲜的蟹肉，以免食物中毒。贝类和干货海产品也是沿海居民常用的制馅原料，但是制作时要注意方法正确、细心操作。

除了以上介绍的制馅原料，也可以根据个人口味添加其他原料。

三、调味和辅助原料

主要包括油脂、糖、盐、蛋品、乳品、食品添加剂等。

油脂主要包括植物油和动物油两类。植物油包括花生油、大豆油、芝麻油、色拉油、橄榄油等，可以用来炸制制品或给制品表面上色、上光；动物油包括猪油、奶油、羊脂等，中式面点多用猪油，

西式和广式面点多用奶油。

糖是面食中比较重要的调味原料。糖不仅可以增加面食的甜味，还能够使面团的质量得到改善。比较常用的糖包括白砂糖和绵白糖，除此之外还有红糖、蜂蜜等。白砂糖是食糖中最优质的糖，但颗粒粗硬，所以不可用于制作含水量小或需蒸、煮的制品，以免面食上有斑点出现。绵白糖因其颗粒小、容易化，可以直接用于面团调制。红糖的营养价值高于白砂糖和绵白糖，并且具有止痛、活血散寒的作用。但是红糖容易导致制品发酵，所以使用时添加少量即可。蜂蜜中不仅含有多种无机盐和维生素，还含有多种能补充人体活力的酶。蜂蜜可使制品变得蓬松柔软，但因为价格较高，一般用于制作高档制品。

食盐是我们平时必需的调味品，在面食中也不可缺少，但要注意使用精盐为宜。蛋品和乳品也是常用的辅助原料，其中乳品一般包括鲜牛奶、奶粉

和炼乳。蛋品和乳品可以增加制品中的蛋白质含量，保证制品含有丰富的营养物质，同时也可以为制品提鲜增香。食品添加剂能够使制品达到色、香、味俱全的效果，常用的有酵母、食碱、小苏打、泡打粉、着色剂和各种香料。

工具和设备 <<<

一、常用的工具

主要包括面板、锅、擀面杖、刷子、模具。

面板是制作面食的操作台，需选择不易吸水和变形的面板。锅可以根据家庭人口数量以及制作要求自行选择，如蒸锅、压力锅、平底锅等。擀面杖要选择质地坚实、无异味、表面光滑的，枣木和檀木制作的擀面杖使用效果较好。刷子可用来为制品刷油。模具可增加制品的趣味性和观赏性。

二、常用的设备

主要包括家用烤箱、小型搅拌机、家用料理机、家用电饼铛等。

家用烤箱便于操作、节约时间，但需要注意调整烤箱温度，以免出现过熟或未熟的情况。小型搅拌机主要用于制作蛋糕、简易面包团等面食。家用料理机可以磨米粉、芝麻、去核红枣等，或者加工制作面食的原料。家用电饼铛可加工烙、煎的制品，如大饼、发面饼、馅饼、锅贴等。

基本工艺 <<<

一、基本技术

1.和面指的是将水、牛奶、鸡蛋等液体放入面粉（小麦面粉、玉米粉、荞麦粉等各种杂粮粉）中进行混合搅拌，直至形成光滑面团。在制作面团的时候要尽量做到手光、盆光和面光。揉制光滑面团的方法一般有手抄拌法、手搅拌法、筷子调和法、筷子搅和面糊法、筷子搅和面浆法。

（1）手抄拌法

此方法适合用于制作大份额面团，饭店常用此方法。具体操作步骤为：将面粉放在盆中，在面粉中间扒个洞；在洞中加入清水；两手心向里，手指从盆壁向下插入面粉并将面粉挑起；将挑起的面粉推向中间小洞的水里；用手均匀搅拌水和面粉，形

成雪花状带葡萄形的面絮；均匀浇少许清水，继续用手把雪花状带葡萄状面絮揉搓在一起；揉成表面光滑的面团。

（2）手搅拌法

此法要求动作迅速、手法灵活，建议初学者不要采用此种方法。具体操作步骤与手抄拌法基本一致，不同的是用单手进行搅拌揉搓，直至揉成表面光滑的面团。

（3）筷子调和法

此法适合在家中使用，用筷子和面能够避免面粉和水粘在手上。具体操作步骤和手抄拌法基本一致，不同的是用筷子代替双手进行搅拌，搅拌至出现雪花状带葡萄状面絮，再用手进行揉搓至表面光

滑的面团。

（4）筷子搅和面糊法

具体操作步骤为：将面粉放入盆中后，向其中打入一个鸡蛋；用筷子搅匀，出现小絮片后再倒入清水，在倒水的同时进行搅拌；搅拌成湿性面团后再慢慢倒入适量清水；倒水的同时用筷子朝一个方向用力抽打面团，使面团形成软而筋的状态；用筷子将一部分面团挑起，可以拉伸但面团易断；面盆上盖上干净湿布，静置30分钟；用筷子挑起一部分面团，可以拉伸面团不断。

（5）筷子搅和面浆法

此法适合用于制作各种煎饼。具体操作步骤和筷子搅和面糊法基本一致，不同的是在倒水的同时用筷子用力朝一个方向抽打面团，使其成为面粉糊状，用筷子挑起面糊成流泻状；静置面糊约10分钟。

2.揉面常见的技巧有手掌推揉法、拳头捣压法、手掌推擦法。

（1）手掌推揉法

此法是最为常见的手法。具体操作步骤为：将面团放在撒有薄粉的案板上，双手向外揉面团，再拉回身边卷揉；如此反复几次；一手将面团的一端按住，另一只手掌将另一端向外推揉；如此反复几次，直至形成表面光滑的面团。

（2）拳头捣压法

此法适合用于硬面团。具体操作步骤为：将面团放在案板上，一手握拳捣压面团呈扁圆形；将面团折合后，再用拳头捣压；如此反复几次；双手将面团两端握住，向后弯曲，捏紧后面结合部分；面团呈凸出的椭圆形状后旋转90°，双手握住椭圆形状面团的两端，向后弯曲，再次将后面捏紧；面

团表面光滑后盖上湿布，静置 30 分钟即可。

（3）手掌推擦法

此法适合用于加工油酥面团。具体操作步骤为：将面粉放入碗中，倒入沸水，用筷子将面粉搅成疙瘩状；将疙瘩状的面粉倒在案板上，揉搓面粉成疙瘩状面团，再继续用手掌推搓直至面团表面光滑。

3.搓条指的是将调制好的面团揉搓成圆形长条状。具体操作步骤为：将面团放在案板上，双手在揉搓面团的同时拉伸两端，直至形成粗细均匀、表面光滑的圆形长条。

4.下剂指的是将揉搓好的长条下成小面剂子，常见的方法有揪剂、拉剂、切剂、剁剂等。最常见的是揪剂，具体操作步骤为：一手将剂条握住，露出大小适中的剂身；另一手从靠近虎口处揪下露出的面团；每揪完一个，双手顺势向后移动，露出一个剂子的大小。

5.制皮指的是将下好的剂子做成用来包馅的皮子，常见的方法有按皮、拍皮、捏皮、摊皮、压皮和擀皮。最普遍的方法是擀皮。具体操作步骤为：

压扁剂子，一手捏剂子边缘，一手擀压；每擀压一次，就将剂皮顺同一方向转动一次；擀压成中间厚、周边薄的圆形坯皮。

6.上馅又叫做包馅和打馅。常见的方法有包馅法、拢馅法、夹馅法、卷馅法、滚沾法、酿馅法等。最普遍的方法是包馅法，具体操作步骤为：将坯皮放在手上，一手掌向上弯曲成碗形；取适量馅子放入坯皮中，刮去多余部分；从拿坯皮手掌的小手指边依次捏向虎口一边；双手紧捏边缘即可。

二、面团调制工艺

面团调制工艺指的是根据需要采用不同的工艺将不同的原料混合加工成团块或坯料的过程。此项工艺是制作面食的核心内容。面团是指在面粉中加入适量的水、油、蛋和调料后进行揉搓，使其粘连形成团块状。面团一般分为水调面团、膨松面团和油酥面团。

1.水调面团分为冷水面团、温水面团和热水面团。冷水面团分为硬面团、软面团和稀面团。硬面

团为 500 克面粉加 150~175 克水，适宜制作刀削面等；软面团为 500 克面粉加 250~300 克水，适宜制作抻面；稀面团为 500 克面粉加 350 克 ~400 克，适宜制作拨鱼面等。其工艺流程为：下粉→掺水→（盐、碱）→拌和→揉搓→醒面。调制方法为：将面粉倒在面板上，中间扒个坑，倒入冷水，用手从边缘向里揉搓，面粉呈雪花状后，加入少量水，反复揉搓至成面团即可，最后盖上湿布，静置醒面。

温水面团指的是用 50℃左右的水和面粉调制而成的面团，常用来制作饺子。其工艺流程为：下粉→掺温水→拌和→揉面→晾凉→揉面。调制方法为：在面粉内加入温水，其后的步骤和制作冷水面团基本一致。也可以将面粉平分成两份，一份用沸水和面，一份用冷水和面，然后将两块面团和在一起。

热水面团指的是用超过 90℃的热水和面粉调制而成面团，常用来制作烫面饺和炸糕等。其工艺流程为：下粉→烫面→拌和→晾凉→揉面。调制方法为：将面粉倒在面板上，中间扒个坑，均匀地将沸水淋在面粉上，一边淋一边搅拌，摊开晾凉后浇些冷水揉成面团。

2. 膨松面团主要包括生物膨松面团、化学膨松面团和物理膨松面团。

生物膨松面团指的是在酵母发酵的作用下，形成蓬松的面团，常用来制作花卷、馒头和包子等。其调制工艺一般包括酵母发酵调制工艺和面肥发酵面团调制工艺。化学膨松面团指的是在面团里放入化学膨松剂，利用化学特性使制品有蓬松的特点。一般包括发粉膨松面团的调制工艺和矾碱膨松面团调制工艺。前者的工艺流程为：（面粉＋白糖＋猪油＋蛋＋发酵粉）→擦粉→搅拌→折叠→面团。后者的工艺流程为：（矾、碱、盐、水）→搅拌看"矾花"→拌面粉→捣、扎→醒面→成团。物理膨松面团指的是运用具有胶体性质的鲜鸡蛋蛋清做介质，在快速搅打的作用下形成蓬松的面团。其工艺流程为两种，第一种，鸡蛋、白糖→打蛋糊→加入面粉→蛋糊面团。第二种，（1）蛋清、白糖→打发；（2）蛋黄、水、油、面→搅匀；（1）+（2）调搅面糊→蛋糕面团。

3.油酥面团主要分为层酥面团和单酥面团。其中层酥面团又分为水油面层酥、蛋水面层酥和酵面层酥面团。水油面层酥的工艺流程为：油、水→搅拌乳化→加入面粉→揉、摔→水油面。蛋水面层酥的工艺流程为：（1）（凝结猪油＋面粉）→搓揉→压型→冷冻→油酥面；（2）（鸡蛋＋糖＋水＋面粉）→拌和→搓揉→冷冻→水面；（1）+（2）叠酥→蛋水面层酥面团。酵面层酥的工艺流程为：（1）面粉、猪油→擦酥→油酥面；（2）（面粉＋酵母＋水）→和面→发酵；（1）+（2）包酥→开酥→酵面酥皮。

三、成形工艺

成形工艺指的是根据实际需要，将制作好的面团和坯皮，包入（或不包入）馅心，采用成形手法，形成成品的过程。成形工艺一般包括两个方面：成形前的基本技术动作和具体成形技法。前者包括和面、揉面、搓条、下剂、制皮、上馅；后者常见的有搓、卷、包、捏；叠、擀、摊、按；抻、切、削、拨等。

1.搓、卷、包、捏：搓分直搓和旋转搓，主要用于制作圆面包、高庄馒头、麻花、辫子面包；卷分单卷和双卷，主要用于制作花卷、蛋糕卷；包分为包上法、包裹法和包捻法等，操作时需要注意馅心居中，形态美观，动作熟练；捏主要用于制作象形品种的面食，如各种花色饺子、包子等。

2.叠、擀、摊、按：叠又称折叠法，指的是将经过擀制的面坯，经折、叠手法形成半成品形态的一种技法，主要用于制作荷叶卷、凤尾酥等；擀一般需和包、捏、卷结合使用，主要用于制作饼类面食；摊指的是将较稀软或糊状的坯料，放入加热过的铁锅内，经旋转使坯料形成圆形成品或半成品的一种方法，常用于制作煎饼；按指的是将制品生坯用手按扁压圆成形的一种方法。

3.抻、切、削、拨：抻主要用于制作面条，操作难度较大，切要求下刀要准确，动作灵活，主要用于制作面条；削也称削面，指的是将坯料用刀一刀挨一刀向前推削，形成三棱形面条的一种方法；拨指的是用筷子顺碗沿拨出的面条。

四、熟制工艺

熟制工艺一般包括煮、蒸、烤、炸、煎、烙。

1.煮指的是将成形的生坯放入沸水中，通过水受热产生的热量使其成为熟品。此法主要用于制作饺子、面条、馄饨等。

2.蒸指的是将成形的生坯放在笼屉内，通过蒸汽的作用，使其成为熟品。此法主要用于制作膨松面、热水面和糕面等制品。常用的设备为蒸灶和笼屉。

3.烤指的是将成形的生坯放在烘烤箱内，通过箱内的高温使其成为熟品。此法主要用于制作各种膨松面、油酥面等。常用的设备有电动旋转炉、红外线辐射炉、微波炉等。

4.炸指的是将成形的生坯放入热油中，通过油的高温使其成为熟品。此法主要用于制作油酥面团，现阶段炸制面点的油温一般分为三类：温油（90~130℃）、热油（150℃左右）、旺油（180~220℃）。

5.煎的原理同炸相同，不同的是，煎制法用油较少。此法主要用于制作馅饼、锅贴、煎包等。常用的设备为高沿锅。

6.烙指的是将成形的生坯放在架在炉火上的平锅中，通过金属传递的热量使其成为熟品。此法主要用于制作水调面团、发酵面团、米粉面团、粉浆面团等制品。常用的方法有干烙、刷油烙和加水烙。

★★★★★

煮出来的
美味

★★★★★

 番茄鱼片面

视觉享受：★★★
味觉享受：★★★★
操作难度：★

TIME 30分钟

菜品特点
香嫩鲜滑

● **主料**：黑鱼片 100 克，番茄 50 克，面条 200 克
● **配料**：植物油 100 克，葱花、盐、鸡精、生粉、胡椒粉、姜、酱油各适量

操作步骤

①黑鱼片洗干净沥去水分后，加入生粉、盐、鸡精、胡椒粉及少量水，用手抓匀腌渍 10 分钟；姜切末。

②锅中烧开水放入面条煮沸；番茄洗净，切片备用。

③面条煮好后立刻放在冷水下冲凉，锅中放植物油烧热，放入腌好的黑鱼片滑炒至颜色变白，关火捞出备用。

④锅中留底油，烧热后放入姜末爆香，然后放入番茄，加入开水，调入盐、鸡精和少许酱油，烧沸后放入

面条煮 2 分钟后关火，捞出面条盛在碗底，铺上黑鱼片，倒入面汤，撒上葱花及胡椒粉即成。

操作要领

黑鱼片腌渍的时候抓到略有些粘的程度即成。

营养贴士

番茄和黑鱼都是营养丰富的食物，二者结合煮出的面食，是既美味又健康的家常饭！

TIME 30 分钟

菜品特点
香嫩鲜滑
口味独特

蛤蜊打卤面

视觉享受 ★★★
味觉享受 ★★★★
操作难度 ★

 **主料：** 蛤蜊 300 克，鸡蛋 1 个，面条 200 克

 **配料：** 小油菜 50 克，植物油、蒜汁、姜汁、盐各适量

🍳 操作步骤

①准备一盆淡盐水，滴入少许植物油搅拌均匀，将蛤蜊浸泡 4 小时以上使其吐净泥沙；鸡蛋打入碗中，加盐后冲泡成鸡蛋羹；小油菜洗净后，用沸水焯熟。

②锅中倒植物油，加热后把蛤蜊倒入翻炒，加蒜汁、姜汁、盐调味，炒至蛤蜊张口后出锅；下面条，放盐煮熟后捞出。

③将蛤蜊、鸡蛋羹、小油菜、面条盛入碗中，倒入面汤即成。

👍 操作要领

冲鸡蛋羹需要用热水，沿碗边冲入。

🥗 营养贴士

蛤蜊不仅味道鲜美，而且营养比较全面，是一种低热能、高蛋白、能防治中老年人多种慢性病的理想佳品。

 泡椒牛肉面

TIME 15分钟

菜品特点
汤浓肉香

➡ **主料**：牛肉200克，面条500克，泡椒13克

👆 **配料**：姜20克，白糖2克，花椒少许，生抽10克，老抽5克，盐、香葱各3克，红椒8克，小白菜、豆芽各少许

视觉享受：★★★★★
味觉享受：★★★★★
操作难度：★

🔄 操作步骤

①将牛肉洗净后，切小块，焯水后捞出；红椒、香葱洗净切段。

②锅内放油，加牛肉、花椒、姜炒香，再加红椒、生抽、老抽翻炒。

③锅中加入开水，再倒入准备好的泡椒，炖煮牛肉直至熟透，最后加入盐、白糖。

④水沸后下面，待水开后加30克水，重复两次，加入小白菜和豆芽，待水开后将面和蔬菜捞入碗内。

⑤将泡椒、牛肉汤盛入碗内，撒上香葱即可。

💧 操作要领

炒牛肉时加少许花椒，味道会更香。

👉 营养贴士

牛肉蛋白质含量高、脂肪含量低、味道鲜美，享有"肉中骄子"的美称，非常受人喜爱。

 鲅鱼水饺

TIME 30 分钟

菜品特点
鲜香可口
营养丰富

➡ **主料**：鲅鱼 2 条，五花肉 250 克，面粉适量

➡ **配料**：韭菜 1 把，精盐 4 克，姜末 5 克，料酒 2 克，生抽 10 克，香油 6 克，葱油 8 克，花椒适量

🔁 操作步骤

①鲅鱼洗净，清理干净腹腔内的黑色物，剔净鱼刺，将鱼刺、鱼皮以及筋络全部扔掉。

②剔下来的鱼肉和五花肉剁碎拌匀，放入稍微大点的容器中。

③花椒放入碗中，冲入开水搅拌几下，放凉后加生抽、料酒，每次以少量倒入鱼肉和五花肉的混合物中，按一个方向不停搅拌，直至馅料湿黏即可。

④在搅好的馅中加葱油、精盐、姜末拌匀，再加入切成碎末的韭菜和香油拌匀。

⑤面粉与水混合，和面揉成光滑的面团，包上保鲜膜，醒 30 分钟，将醒好的面揪成剂子，擀成饺子皮，包入拌好的馅，放入开水锅中煮至饺子膨胀漂浮即可。

🥢 操作要领

加韭菜后不要搅拌太厉害，以防破坏韭菜的口感。

👉 营养贴士

此水饺具有温中、止泻、补肾等功效。

和风荞麦面沙拉

TIME 15 分钟

菜品特点
口感滑嫩
独特香味

● **主料:** 荞麦面 150 克

● **配料:** 胡萝卜、黄瓜、葱各少许，和风沙拉酱材料：橙醋 200 克，沙拉油 50 克，醋 25 克，黄芥末粉 15 克，盐、细砂糖各 4 克，胡椒粉 5 克，苹果 1/2 颗，洋葱 1/3 颗

视觉享受：★★★
味觉享受：★★★
操作难度：★★

操作步骤

①苹果去皮、去籽，磨成泥取果汁；洋葱（留少量切丝备用）磨成泥取汁液；胡萝卜、黄瓜切丝；葱切花。

②将苹果汁、洋葱汁与其余和风沙拉酱材料混合均匀即做成和风沙拉酱。

③锅烧开水，下入荞麦面，煮熟，捞出放入碗中，放凉，将沙拉酱浇在上面，撒上胡萝卜丝、黄瓜丝、洋葱丝、葱花撒在上面，吃时拌匀。

操作要领

煮熟的荞麦面，可以放在冰水中，冰镇 5~10 分钟，口味更佳。

营养贴士

荞麦含有丰富膳食纤维，所以荞麦具有很好的营养保健作用。

视觉享受：★★★ 味觉享受：★★★★ 操作难度：★★

红油水饺

TIME 50分钟

菜品特点
体轻个小
皮薄馅嫩

➡ **主料：** 面粉500克，瘦猪肉350克，葱白50克

👆 **配料：** 盐10克，花椒3克，花椒面2克，白糖75克，香油3克，红油辣椒、酱油各150克，姜15克，蒜泥50克，味精适量

🍳 操作步骤

①面粉加水，搅匀揉透，搓成圆条，切成100个剂子，擀成薄皮。

②猪肉去筋，捶成肉茸；姜捶茸（加水）挤汁；花椒开水泡后挤汁；将猪肉茸、花椒面、味精、盐、葱末、姜汁、花椒汁混合搅匀成馅。

③捏饺子，锅内水开后下饺子，用汤勺轻轻沿锅边推搅，煮6~7分钟，饺子浮起，皮起皱即熟，捞起盛盘。

④每个碗内加蒜泥、葱末、白糖、香油、红油辣椒、酱油、味精，拌成红油蘸料，分别放在盘边即可上桌。

🖐 操作要领

将肉馅置面皮内，对折捏成半月牙形的饺子。

👉 营养贴士

饺子馅中既有猪肉，又有大葱，营养十分丰富。

➡ **主料：** 虾仁150克，馄饨皮400克，猪肉馅适量

👆 **配料：** 紫菜10克，香菜、白玉菇各少许，葱、姜、辣椒、料酒、食盐、味精、味极鲜、胡椒粉、花生油、香油各适量

🍳 操作步骤

①葱、姜、辣椒、白玉菇切成末；虾仁抽去泥线，从中间横片开。

②猪肉馅加适量花生油搅拌，加入料酒、葱姜末继续搅匀，依次加入辣椒末、白玉菇末继续搅拌，加入味极鲜、食盐、味精、胡椒粉、香油搅拌均匀，馄饨皮包上馅料封口备用。

③锅内添水，放入白玉菇，紫菜烧开，放入虾仁，滴少量的味极鲜，淋入鸡蛋液，加适量盐调味，滴几滴香油制成馄饨汤。

④锅内加水，煮沸后，下入馄饨，待煮3分钟后捞出，放入汤碗内，撒上香菜即可。

🖐 操作要领

肉馅在搅拌时要顺着一个方向搅。

👉 营养贴士

虾仁中蛋白质、钙质丰富，开胃补肾。

视觉享受：★★★★ 味觉享受：★★★★ 操作难度：★★

虾仁馄饨

TIME 30分钟

菜品特点
鲜香味美

牌坊面

TIME 30分钟

菜品特点
味道鲜美
营养丰富

> **主料**：韭菜叶面条 500 条
>
> **配料**：肥瘦肉、青腿菇、冬笋、熟火腿、金钩、菜籽油、豆油、川盐、料酒、味精、熟猪油、胡椒粉、高汤、湿豆粉各适量

视觉享受：★★★★★
味觉享受：★★★★★
操作难度：★

操作步骤

①将青腿菇、冬笋水发煮后切成细丝；金钩洗后烫发；肉、熟火腿分别切成丝。

②锅内加菜籽油烧热，放入肉丝滑散，炒干水分，加入料酒、川盐、豆油、胡椒粉，上色后放入高汤、青腿菇、冬笋和金钩，焖熟入味，加入湿豆粉勾成二流芡即成臊子。

③锅内加水烧沸，放入面条煮熟，捞入放有豆油、胡椒粉、味精、熟猪油、高汤的碗内，浇上臊子即成。

操作要领

煮面条时水要宽，不要煮过，以筋韧为宜。

 营养贴士

此面具有健胃、提神、温暖等功效。

怪味凉面

菜品特点
多味调和
清爽利口

🔸 **主料:** 鲜圆湿面条 180 克

🔹 **配料:** 黄瓜1根,白萝卜1个,葱花、姜末、蒜末、花椒粉、芝麻酱、酱油、白醋、糖、精盐、辣油各适量

热量吸收: ★★★★★
鲜嫩吸收: ★★★★★
操作进度: ★★

🍴 操作步骤

①黄瓜洗净切丝,白萝卜洗净切丝;将凉开水慢慢加入芝麻酱中拌开,再加入姜末、蒜末、花椒粉、酱油、白醋、糖、精盐、辣油拌匀成酱汁。

②鲜圆湿面条放入开水锅中煮开,点2次水,捞出过冷水,沥干水分。

③将熟凉面放入碗中,把黄瓜丝和萝卜丝放在面上,撒上葱花,淋上调好的酱汁即可。

🥄 操作要领

面煮好后,可滴入少许香油防粘。

👉 营养贴士

黄瓜具有利水、清热、解毒等功效。

21

羊肉馄饨

菜品特点
不腥不膻
汤料浓香

主料: 鲜羊腿肉适量，馄饨皮 400 克

配料: 紫菜、香菜、榨菜丁各少许，葱、料酒、胡椒粉、姜末、盐、蚝油、酱油各适量

视觉享受: ★★★
味觉享受: ★★★
操作难度: ★★

操作步骤

①鲜羊腿肉去筋膜剁成肉馅儿，加少许水搅匀，加少许料酒、胡椒粉、姜末、盐、蚝油、酱油，搅拌均匀，腌渍，再多切些葱末，拌匀。

②自制馄饨皮儿，或者买现成的都行，包成馄饨。

③锅里加水或者羊肉清汤，煮开，加入馄饨煮八分熟，加入紫菜、少许盐，再放香菜、榨菜丁即可。

操作要领

喜辣的可以在最后一步加上辣椒酱再出锅。

营养贴士

羊肉既能御风寒，又可补身体，这道美食最适宜在冬季食用。

TIME 30分钟

菜品特点
汤鲜肉嫩
皮薄筋润

鸡丝馄饨

观赏享受：★★★★
味觉享受：★★★★
操作难度：★★

主料：猪瘦肉125克，馄饨皮75张

配料：熟鸡肉丝适量，紫菜、香菜、胡萝卜、榨菜各15克，酱油50克，精盐、葱末、姜末各2.5克，鸡汤1250克，芝麻油13克

操作步骤

①猪肉剁成泥，加入酱油、精盐、葱末、姜末、芝麻油搅拌成馅，共捏馄饨75个。

②紫菜撕成小片；胡萝卜、榨菜切小丁；香菜切段。

③锅内放水烧沸，放入馄饨，水沸后改用小火煮熟，捞出放入碗中，撒上紫菜、熟鸡丝、胡萝卜、榨菜、香菜，再把鸡汤烧沸，浇到碗中即可食用。

操作要领

馄饨皮薄易熟，不宜久煮。

营养贴士

鸡丝馄饨可以益气养血、健脾益胃、养阴生精、补益脏腑、软坚化痰、清热利尿，对于产妇尤为有益，且对贫血、软骨病、佝偻病等有一定的治疗作用。

视觉享受 ★★★★ 味觉享受 ★★★★★ 操作难度 ★★

牛肉馄饨

TIME 120 分钟

菜品特点

汤鲜肉香
皮薄馅嫩

○ **主料**：馄饨皮若干，牛肉馅 600 克，牛肉 100 克，鸡蛋 2 个

○ **配料**：麻油 25 克，葱 15 克，姜 3 克，精盐 8 克，料酒 6 克，香菜少许，鸡汤适量

操作步骤

①牛肉切成丁，葱、姜切末，香菜切碎；鸡蛋打到碗里搅匀，在平底锅内摊成鸡蛋饼，晾凉后切丝。

②将牛肉馅放入盆内，加入葱末、姜末、料酒、精盐、麻油和少许水，用筷子朝一个方向搅成糊状，做成馅料。

③将馅料放入馄饨皮中，捏紧制成馄饨生坯；锅中加鸡汤，放入牛肉丁煮开后放入馄饨，煮熟后放入鸡蛋皮，撒上香菜即可。

操作要领

馄饨皮直接在超市就可购买。

营养贴士

牛肉具有补脾胃、益气血、强筋骨、消水肿等功效。

○ **主料**：面条适量

○ **配料**：油菜、干辣椒、小葱、辣椒酱、老抽、生抽、味精、盐、色拉油各适量

操作步骤

①油菜洗净切段，焯熟；干辣椒切末；小葱切葱花备用；面条煮熟。

②辣椒酱、盐、味精、生抽、老抽、干辣椒末、葱花拌好，倒入面条里。

③把色拉油烧热至冒烟，往面里一泼，最后放上油菜，撒点葱花，吃的时候拌匀即可。

操作要领

盛面的碗要尽量选择大的，方便拌面。

营养贴士

油泼面是陕西的一款特色主食，简单易做，配以青菜的话更营养健康。

视觉享受 ★★★★★ 味觉享受 ★★★★★ 操作难度 ★

油泼面

TIME 10 分钟

菜品特点

面条筋道
香辣浓郁

兰州拉面

菜品特点
粗细均匀
口感筋滑

观美享受 ★★★★
味觉享受 ★★★★
操作难度 ★★★

主料： 熟牛肉 50 克，面粉 500 克

配料： 葱、香菜各 5 克，食盐 3 克，白萝卜、清油、辣子油、牛肉清汤各适量，白芝麻少许

操作步骤

①熟牛肉切片，白萝卜切片，葱、香菜切碎备用。

②面粉加水揉和均匀，案上擦抹清油，将面搓拉成条下锅，面熟后捞入碗内加牛肉清汤。

③牛肉片、白萝卜片摆入碗内，撒葱末、香菜末、白芝麻，根据个人口味加辣子油和盐。

操作要领

和面时，要注意水的温度，一般要求冬天用温水，其它季节则用凉水。

营养贴士

牛肉面中添加白萝卜和香菜能够提供一定的维生素和矿物质。

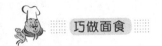

 虾仁黄瓜水饺

视觉享受：★★★★★
味觉享受：★★★★★
操作进度：★★

 菜品特点
营养丰富
鲜美可口

➡ **主料：** 冷水面团、虾仁各适量，黄瓜 2 根
↪ **配料：** 鸡蛋 2 个，生油适量，精盐、味精各少许

🔄 操作步骤

①鸡蛋磕入碗中搅匀，入油锅中炒碎，取出；黄瓜洗净，切成碎末；虾仁去虾线，洗净。

②炒鸡蛋碎中，加入黄瓜末、虾仁末、生油、精盐、味精，搅匀成馅料。

③取冷水面团搓条，下剂，擀皮，包入馅料，做成水饺生坯。

④锅内加水烧开，下入水饺生坯，煮熟即可。

🌊 操作要领

虾仁必须将沙线去除。

👉 营养贴士

此饺子具有保护心血管、通乳、抗肿瘤、抗衰老等功效。

26

素水饺

TIME 40分钟

菜品特点
味道鲜美
营养丰富

主料： 小麦粉 500 克，胡萝卜、香干各 50 克，面筋 40 克，黄花菜 10 克，木耳 20 克，香菜 100 克，白菜 250 克

配料： 姜、精盐、酱油、味精、芝麻酱、橄榄油各适量，香芋汁少许

操作步骤

①木耳、黄花菜提前用冷水泡发后洗净切碎；小麦粉加香芋汁和适量水和成面团醒发；白菜洗净剁碎，挤干水分；胡萝卜洗净擦成丝；香干、面筋切成丁；香菜洗净切碎；姜切碎；用芝麻酱、酱油、精盐、味精、橄榄油调好汁。

②所有食材置于盆中，拌均匀，倒入调味汁，搅拌均匀成水饺馅。

③将面团做成大小均匀的面剂，擀成片，做水饺皮，水饺皮中间放馅包好，放入开水锅中煮熟即可。

操作要领

调汁时加些腐乳，可以提味。

营养贴士

此水饺具有益肝明目、利膈宽肠、促进免疫功能、延缓衰老、养血平肝、利尿消肿等功效。

玉米面水饺

TIME 40 分钟

菜品特点
鲜香可口
老少皆宜

🔴 **主料:** 富强粉 200 克,细玉米面 100 克

🔵 **配料:** 粉丝 1 小把,猪肉馅 300 克,酸菜丝 250 克,香油、精盐、五香粉、葱花各适量

视觉享受：★★★★★
味觉享受：★★★★★
操作难度：★★

🔄 操作步骤

①细玉米面中倒入适量开水,用筷子搅成小疙瘩,揉搓成团,倒入富强粉,加适量水,揉成面团,醒一段时间。

②酸菜丝和泡软的粉丝剁成碎末,放入猪肉馅,加入香油、五香粉、葱花、精盐,制成肉馅。

③将醒好的面团做成小剂子,擀成皮,包上肉馅,包成饺子,下水煮熟即可。

🔷 操作要领

玉米面最好用细的,口感更好。

📑 营养贴士

此水饺具有保持胃肠道正常生理功能、补充蛋白质和脂肪酸、补肾、滋阴润燥等功效。

韭菜猪肉水饺

菜品特点
观鲜适口
营养全面

剁饺享受：★★★★★
蘸醋享皮：★★★★★
操作难度：★★

🔜 **主料：** 面粉 500 克，猪肉 300 克，韭菜 450 克

🔜 **配料：** 鸡蛋 1 个，葱 10 克，姜 5 克，精盐 3 克，花生油 30 克，胡椒粉、味精各 2 克，甜面酱 50 克，香油 5 克，生抽 10 克，料酒 15 克，老抽适量

🥢 操作步骤

①韭菜择洗干净，切碎；葱、姜切成碎末备用。

②猪肉切成小块后剁碎，加料酒、老抽、生抽、甜面酱调匀，制成肉馅。

③在容器内放入韭菜、葱末、姜末，再磕入一个鸡蛋，放入肉馅，加花生油、精盐、胡椒粉、味精、香油调匀，制成饺子馅。

④面粉加凉水和成面团，醒 10 分钟揉匀，搓成长条，揪成大小均匀的剂子，擀成饺子皮，包进饺子馅，捏成饺子，下锅煮熟即可。

👆 操作要领

煮的时候要分三次添加凉水，看到饺子膨胀漂浮起来。

👉 营养贴士

此水饺具有补肾温阳、益肝健脾等功效。

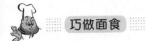

 传统钟水饺

视觉享受：★★★★★
味觉享受：★★★★★
操作难度：★★

TIME 60 分钟

菜品特点
营养丰富
香浓可口

▶ **主料：** 面粉 250 克，猪肉馅 250 克

▶ **配料：** 花椒水 1.5 克，红油辣椒 75 克，蒜泥 50 克，姜汁 15 克，酱油 100 克，精盐 2 克，芝麻油 50 克，胡椒粉、味精、葱花各适量

操作步骤

①面粉做一个面窝，边倒水边用手慢慢推面，等所有面粉都沾到水，变成一块一块的时候，再上手和面，直至光滑，包上保鲜膜，醒 30 分钟。

②猪肉馅中加入精盐、姜汁、花椒水、胡椒粉、50 克酱油，充分搅拌至黏稠状。

③将醒好的面揪成剂子，擀成饺子皮，把馅置于其中，对叠成半月形，用力捏合成饺子坯。

④锅中放水，放入饺子坯，煮至饺子膨胀漂浮起来

即可。

⑤将剩下的酱油和红油辣椒、芝麻油、味精调成味汁，淋在饺子上，再倒入用冷开水澥开的蒜泥，撒上葱花即可。

操作要领

将饺子坯放入锅中后，边煮边用勺子推动，以防粘连。

营养贴士

猪肉具有补肾、滋阴、益气等功效。

新疆拌面

菜品特点
入口意韧
香味浓厚

视觉享受：★★★★
味觉享受：★★★★
操作难度：★★★

**主料：** 北方白面500克

配料： 羊肉20克，洋葱10克，青、红灯笼椒各1个，蒜薹100克，色拉油适量，料酒、孜然、盐、味精各少许

🐾 操作步骤

①白面和好后抹一些油，盖上湿布醒一会儿。

②羊肉切厚片，用盐和料酒腌着，备用；青灯笼椒、红灯笼椒、洋葱切丁；蒜薹切段，备用。

③锅里放油，烧至八成热，先放羊肉片下去滑一下捞出来，将油再烧一下，下切好的蒜薹翻炒，让油爆起来，放些料酒、青灯笼椒、红灯笼椒、洋葱、羊肉和孜然，炒几下，放盐、味精调味。

④开始拉面，将拉好的面条过水煮熟，捞到凉水盆

中过一下，装盘，将炒好的菜浇到面上即可。

🔥 操作要领

和面时盐要适量，盐少了容易断，多了拉不开。

👉 营养贴士

此菜患皮肤病、肝病、肾病的患者慎食；有皮肤瘙痒、胃病的患者少吃；脾胃虚寒者、月经期间不宜进食；阴虚火旺者、高血压患者忌食。

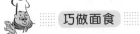

手擀面

TIME 15分钟

菜品特点
汤鲜面筋
操作简单

➡ **主料：** 手擀面 500 克

➡ **配料：** 里脊肉 50 克，胡萝卜 50 克，葱花少许，榨菜、盐、植物油各适量

➷ 操作步骤

①里脊肉、胡萝卜切丝；锅倒油烧热，放入葱花炒香，放入里脊肉、胡萝卜炒香，放入榨菜炒香，放盐调味盛出。

②锅中加水，煮开后，放入手擀面煮熟盛出，浇入炒过的菜料，撒些葱花即可。

♨ 操作要领

可以根据个人口味添加辣酱。

☞ 营养贴士

胡萝卜含有维生素 A，有促进骨骼发育的功效。

虾茸小馄饨

主料： 明虾 250 克，馄饨皮 100 张，蛋清适量

配料： 葱末、姜末、料酒、精盐、橄榄油各适量

阅览享受：★★★★★
味觉享受：★★★★★
操作难度：★★

操作步骤

①明虾剥掉虾壳，用牙签挑或用剪刀剪开背部，去掉虾线，用葱末、姜末、料酒腌渍。

②用刀背将虾剁成虾泥，放入精盐、蛋清、橄榄油，搅拌上劲即可用来包馄饨。

③将一点馅放在馅饼皮上，用手包起来轻轻一捏，做成馄饨坯，最后把所有做好的馄饨坯下锅煮熟即可。

操作要领

因为加了蛋清在馅里，馅在煮熟后体积会膨胀，所以不能放太多的馅。

营养贴士

虾肉有补肾壮阳、通乳抗毒、养血固精、通络止痛、开胃化痰等功效。

芸豆蛤蜊打卤面

TIME 20分钟

视觉享受：★★★★
味觉享受：★★★★
操作难度：★

美品特点
鲜美可口
营养丰富

● **主料：** 活蛤蜊、芸豆、肉丁、鲜面条、鸡蛋各适量
● **配料：** 葱、姜、蒜、花生油、盐、味精、香油各适量

操作步骤

①将蛤蜊洗净煮熟，剥肉洗净备用（蛤蜊汤要留一些，沉淀出杂质后备用）。

②将芸豆滚刀切成丁，用开水烫一下；葱、姜、蒜切末。

③锅内加花生油，油开后，放入葱末、姜末、蒜末爆香，将芸豆、肉丁倒入锅内炒熟，加水和蛤蜊汤，开锅后，放入蛤蜊肉。

④将鸡蛋打散后，倒入搅成蛋花，放少许盐和味精，

点一点香油，最后，倒入煮好的面条碗里，一碗鲜美可口的芸豆蛤蜊打卤面就做好了。

 操作要领

选购蛤蜊时，可拿起轻敲，若为"砰砰"声，则蛤蜊是死的；相反，若为"咯咯"较清脆的声音，则蛤蜊是活的。

营养贴士

芸豆特别适合心脏病、动脉硬化、高血脂和忌盐患者食用。

TIME 15分钟

菜品特点
简单易做
营养丰富

爆锅面

视觉享受：★★★★
味觉享受：★★★★★
操作难度：★

主料： 面条150克，白菜80克

配料： 鸡蛋1个，葱末、姜末、精盐、美极鲜、植物油、葱花各适量

操作步骤

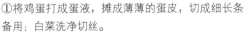

①将鸡蛋打成蛋液，摊成薄薄的蛋皮，切成细长条备用；白菜洗净切丝。

②起锅倒油，倒入所有调料，爆炒葱末、姜末，将白菜丝倒进去煸炒，待白菜断生时，倒入水烧开，放入面条，开小火煮5分钟关火，盛出放上蛋皮条，撒上葱花即可。

操作要领

蔬菜可以根据个人的喜好随意添加。

营养贴士

白菜具有增强抵抗力、解渴利尿、通利肠胃、促消化等功效。

甜水面

TIME 50分钟

菜品特点
色泽油亮
味道鲜美

主料： 面粉 1000 克

配料： 复制红酱油 200 克，红油辣椒 150 克，芝麻油、精盐、蒜、鸡精、芝麻酱、黄豆粉各适量，熟菜油少许

操作步骤

①面粉加清水、精盐揉匀后用湿布盖住，醒约 30 分钟，揉成团；蒜拍扁切碎。

②案板上抹熟菜油少许，将面团擀成 0.5 厘米厚的面皮，切成 0.5 厘米宽的条，撒上少许面粉。

③水烧开后将面条两头扯一下，入开水，煮熟后捞出略凉，撒上少许熟菜油抖散。

④将复制红酱油、芝麻酱、黄豆粉、鸡精、芝麻油、红油辣椒、蒜碎拌匀做成调料，淋在面条上即可。

操作要领

和面时加少许精盐，可使面条软硬适度。

营养贴士

芝麻油具有改善血液循环、延缓衰老、抗氧化等功效。

绮纱馄饨

TIME 20 分钟

菜品特点

味道鲜美
营养丰富

视觉享受 ★★★★
味觉享受 ★★★★
操作难度 ★

➡ **主料：** 小馄饨皮适量，猪瘦肉 300 克

➡ **配料：** 精盐 7 克，黄酒 10 克，猪油 5 克，酱油、酸菜、葱花、香菜碎各适量

 **操作步骤**

①猪瘦肉去掉筋膜，剁成肉馅，加入黄酒、精盐将肉馅拌匀，再慢慢加入 30 克水拌到肉馅吸收；精盐、酱油、猪油、葱花放入碗中，用开水冲开。

②在馄饨皮中间抹上一点肉馅，用大拇指从正方形的对角线向中心折去，用力要轻，再用其余的手指向里拢一拢，馄饨就包好了。

③烧开一锅水，酸菜切丝后与馄饨一起放入锅中煮

2 分钟左右，馄饨稍微露出肉馅的红色即可捞出放入盛有汤料的碗中，撒上葱花和香菜即可。

 **操作要领**

肉馅不要太烂，可以看到小的颗粒就可以。

☞ **营养贴士**

此馄饨具有补肾养血、滋阴润燥等功效。

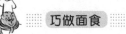

猪肉大葱水饺

TIME 30分钟

视觉享受：★★★★★
味觉享受：★★★★★
操作难度：★★

菜品特点
皮薄馅嫩
味道鲜美

🔸 **主料：**面粉、猪肉馅、大葱各适量
🔹 **配料：**姜片、八角、花椒、生抽、老抽、精盐、花生油、香油各适量

🔁 操作步骤

①将面粉和成稍软的面团，放入容器中盖湿布或者保鲜膜醒 30 分钟；大葱切成葱花。

②热锅加花生油、姜片、八角、花椒，小火炝香，捞出关火，待油温稍降，加入葱花稍炸，盛出倒入肉馅中，加生抽、老抽、精盐拌匀，分几次打入凉水，每次不宜多，顺着一个方向搅一段时间再加下一次，最后加入香油，馅料即成。

③醒好的面滚长，切成小剂子，撒干面粉，按扁，然后擀开，中间稍厚，边缘薄。

④将饺子包好，下沸水锅煮熟好即可。

🛠 操作要领 ◀◀◀

大葱可以适当多放一些，使馅料葱香浓郁。

👉 营养贴士

大葱味辛、性平，有解肌发汗、通阳利气、行瘀止血、消肿解毒的功效。

三鲜水饺

TIME 30分钟

菜品特点
咸鲜美味
营养可口

期味享受：★★★★★
营养学分：★★★★★
操作难度：★★

 **主料：** 面粉适量，猪肉末 300 克，虾仁 150 克，韭菜 200 克，鸡蛋 2 个

 **配料：** 精盐、鸡精、料酒、香油、姜末、白糖各适量

🔁 操作步骤

①猪肉馅中加姜末，分次少量地加水，顺一个方向搅拌，直至肉末富含水分，变得黏稠上劲，加鸡蛋和适量的精盐、白糖、鸡精、料酒再充分搅匀，再加适量的香油，再搅匀；将虾仁洗净，切大粒，加入猪肉末中搅匀；韭菜切碎，加猪肉末中搅匀即成肉馅。

②将面粉和成面团，醒好，分别搓成长条，下剂，撒上面粉，用手按压成圆饼，擀成中间厚、四边薄的饺皮，将馅料包入饺皮，捏成饺子。

③锅内放水烧开，加 5 克精盐，下入饺子，煮开快溢锅时，加凉水，如此 3 次，再揭锅盖略煮即成。

🔥 操作要领

煮饺子时，在水里放一棵大葱或在水开后加点盐，然后再放饺子，煮出来的饺子味道鲜美且不粘连。

🖐 营养贴士

虾仁肉质松软，易消化，对身体虚弱及病后需要调养的入是极好的食物。

视觉享受：★★★★　味觉享受：★★★★　操作难度：★★★

扁肉

TIME 30分钟

菜品特点
皮薄如纸
爽口清鲜

> **主料：** 面粉500克，猪后腿肉500克
>
> **配料：** 食用碱15克，芝麻油5克，葱花10克，熟猪油18克，酱油、精盐、味精、醋、胡椒粉、高汤各适量

🍳 操作步骤

①面粉加食用碱、水和成面团，擀成薄皮，再切成6厘米见方的片。

②将猪后腿肉用木槌捶烂，加精盐、清水搅匀，再加食用碱、味精搅拌成馅。

③左手执皮坯，右手用小竹片将馅挑入皮中，左手捏住皮馅，右手顺势推向左手掌中即成扁肉。

④锅内加水烧开，放入扁肉，熟透捞出，放到用高汤、酱油、味精、熟猪油、醋调好的味汁中，滴几滴芝麻油，撒上少许葱花、胡椒粉即成。

🎵 操作要领 ◀◀◀

肉馅选用新鲜的猪后腿瘦肉加工，是因为这样的馅料吃水量大，且捶烂后精盐混合更加充分。

👉 营养贴士

猪肉属酸性食物，为保持膳食平衡，烹调时宜适量搭配些豆类或蔬菜等碱性食物，如土豆、萝卜、海带、大白菜、芋头、藕、木耳、豆腐等。

> **主料：** 龙须面50克，馄饨皮若干，猪肉馅100克
>
> **配料：** 油麦菜2棵，葱末、高汤各适量

🍳 操作步骤

①取一张馄饨皮，包入猪肉馅，制成云吞；油麦菜切一刀，焯熟备用。

②将云吞放入高汤煮10分钟，捞起放入汤碗。

③龙须面放入高汤中煮3分钟，捞起放进有云吞的汤碗中，放入油麦菜、葱末即可。

🎵 操作要领 ◀◀◀

云吞不要包太多馅料，以免煮的时候云吞爆开。

👉 营养贴士

猪肉具有补虚强身、滋阴润燥、丰肌泽肤的功效。

视觉享受：★★★★　味觉享受：★★★★　操作难度：★★

云吞面

TIME 30分钟

菜品特点
滑爽爽口
肉香四溢

木耳肉丝打卤面

视觉享受：★★★★★
味道享受：★★★★★
操作难度：★★★

TIME 30分钟

菜品特点
味道鲜美
营养主食

➡ **主料**：面条、木耳、瘦肉各适量

🔄 **配料**：鸡蛋1个，姜片、酱油、料酒、五香粉、湿淀粉、糖、精盐、葱花、植物油各适量

🔃 操作步骤

①木耳开水泡发后掐根去沙，切丝；瘦肉切丝，用酱油、料酒、五香粉和精盐抓匀，静置20分钟以上；面条入开水锅煮熟，捞出过凉水；鸡蛋打散成蛋液。

②锅内热植物油爆姜片，倒入肉丝迅速划散，待肉色变白盛出。

③锅中留底油，放入木耳爆炒2分钟，加500克开水、适量酱油和糖入锅，盖上锅盖，水沸后转中火煮5~8分钟，放肉丝搅匀，倒入蛋液，搅成蛋花，

转大火煮2分钟，加精盐调味，用湿淀粉勾薄芡成卤，浇在面条上，撒上葱花即可。

🔵 操作要领

木耳应提前泡发。

👉 营养贴士

此面具有益气、轻身强智、止血止痛、补血活血、补肾滋阴等功效。

41

TIME 30分钟

宋嫂**面**

菜品特点
面滑光爽
味道鲜美

主料：手工细面条1000克

配料：水发香菇、冬笋、鲜鲤鱼肉、鸡蛋清、葱、虾仁、生姜、料酒、醋、鲜肉汤、豆瓣酱、冷水、酱油、花椒油、油脂、熟猪油、干淀粉、湿淀粉、鳝鱼骨、盐、味精、胡椒粉各适量

操作步骤

①将鲤鱼宰杀后洗净，去骨、皮后切成指甲片状，放于容器中，加适量精盐、料酒、鸡蛋清、淀粉及冷水调拌均匀；将豆瓣酱剁细，香菇切碎，冬笋切成小块，虾仁横切两半，葱切成葱花。

②将熟猪油烧至六成热，放入鱼片，倒入漏勺内沥去余油。

③将油脂烧热，放入豆瓣酱煸出红油，掺入鲜汤烧沸，捞出豆瓣渣，放入鱼骨、鳝鱼骨、葱花、姜块，煮出香味后，将各种原料捞出。

④再加入虾仁、冬笋、香菇稍煮，加入盐、鱼片、醋，

用湿淀粉勾芡，最后加入花椒油制成臊子。

⑤将酱油、胡椒粉、熟猪油、红辣椒油、味精放碗中，水沸后放入面条，煮熟后捞入碗内，浇上臊子，撒上葱花。

操作要领

煮面条的水要宽，不要煮过，以柔韧滑爽为宜。

营养贴士

鲤鱼的脂肪多为不饱和脂肪酸，能很好地降低胆固醇，可以防治动脉硬化、冠心病。

武汉热干面

TIME 25分钟

菜品特点
面条爽滑
香浓味美

主料： 碱水面500克，辣萝卜50克
配料： 香油、芝麻酱、酱油、精盐、葱花各适量

视觉享受：★★★
味觉享受：★★★★
操作难度：★★

操作步骤

①把辣萝卜切成丁；用香油把芝麻酱调成糊状，加入适量的酱油和精盐，拌匀。

②把面条抖散，放入沸水锅中，煮到八成熟时捞出，沥干水分，放于碗中，淋上香油，用电风扇快速吹凉。

③吃时把面条放在热水中迅速烫一下，沥干，放入碗中，把调好的芝麻酱、萝卜丁加在面条上，撒上葱花即可。

操作要领

面条煮过后要用筷子挑散，并淋上香油快速吹凉，防止粘连。

营养贴士

热干面富含碳水化合物，具有解毒、增强肠道功能等功效。

43

云南哨子面

TIME 15分钟

菜品特点
汤味酸辣
助制爽口

● **主料：** 猪绞肉60克，番茄2个，鸡蛋面适量

● **配料：** 豆豉、葱花各15克，洋葱丁、香菇丁各30克，鸡高汤250克，豆干片、哨子酱汤、油各适量

操作步骤

①番茄洗净切丁备用。

②起油锅，依次加入猪绞肉、豆豉、洋葱丁、香菇丁、豆干片炒熟，再放入番茄丁炒软，倒入鸡高汤和哨子酱汤煮滚，转小火。

③另烧一锅水，下入鸡蛋面煮熟，沥干摆入碗中，加入已做好的哨子酱汤，撒上葱花即可。

提供享受：★★★★
味觉享受：★★★★
操作难度：★

操作要领

选择猪肉要注意，靠近鼻子闻一闻，新鲜猪肉有腥味。

营养贴士

猪肉可提供血红素（有机铁）和促进铁吸收的半胱氨酸，能改善缺铁性贫血。

蛤蜊疙瘩汤

TIME 45分钟

菜品特点
清爽可口
汤鲜味美

主料: 蛤蜊300克,面粉100克

配料: 鸡蛋1个,油、姜丝、葱花各适量

视觉享受: ★★★★★
味觉享受: ★★★★
操作难度: ★★★

操作步骤

①蛤蜊吐净泥沙后开水焯下捞出（焯蛤蜊的水澄清备用），再将蛤蜊剥去壳，肉备用；把面粉加少许凉水做成面碎儿。

②锅内加少许油，放入姜丝煸炒出香，倒入澄清后的焯蛤蜊水，水开后放入蛤蜊肉，倒入面碎，大火煮开，稍开几分钟后打入鸡蛋液，撒入葱花出锅。

操作要领

可以根据爱好酌情添加精盐。

营养贴士

蛤蜊低热能、高蛋白、少脂肪，能防治中老年人慢性病，是物美价廉的海产品。

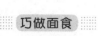
视觉享受：★★★★　味觉享受：★★★★　操作难度：★★

红油龙抄手

TIME 20分钟

菜品特点
菜品特点
爽滑鲜香

主料： 抄手皮 20 张，猪肉馅 175 克

配料： 精盐、料酒各 5 克，鸡粉 3 克，生粉 20 克，辣椒油 30 克，酱油 20 克，香油 10 克，葱花、菠菜各适量

操作步骤

①猪肉馅置入碗内，加入精盐、酱油、料酒、鸡粉、生粉及少许清水拌匀，顺一个方向打至起胶，腌 15 分钟；菠菜去根，洗净，放沸水中焯熟，放入碗内。
②取抄手皮，舀入适量猪肉馅，包成抄手。
③取一空碗，加入辣椒油、酱油、香油、鸡粉，撒入葱花，做成调味汁备用。
④锅内加适量水烧开，加入调味汁拌匀，加入精盐，放抄手以大火煮沸，煮至抄手浮起，捞起沥干水，盛入放有菠菜的碗内，加入调味汁拌匀即成。

操作要领

猪肉馅调好味后，要用筷子顺一个方向打至起胶，做成的肉馅才会爽滑鲜浓。

营养贴士

猪肉含有丰富的蛋白质及脂肪、碳水化合物、钙、磷、铁等成分。

主料： 宽面条 250 克，猪瘦肉 160 克，酸菜 50 克

配料： 青椒 2 个，花椒、浓汤宝、植物油、白醋、辣椒油、精盐、蒜茸各适量

操作步骤

①青椒去蒂和籽，切成条；猪瘦肉洗净，切成细丝。
②锅内放植物油烧热，放花椒用小火炒香捞起，再爆香蒜茸，放入瘦猪肉丝炒散至肉色变白。
③倒入青椒和酸菜，翻炒均匀，注入 750 克清水以大火煮沸，倒入浓汤宝搅散，用小火慢煮 10 分钟，加入白醋、辣椒油和少许精盐调匀，做成酸辣汤。
④另烧开一锅水，加入精盐，放入面条打散煮至沸腾，浇入 250 克清水，再次沸腾后将面条捞出过冷水，倒入酸辣汤中搅匀煮沸，便可起锅。

操作要领

花椒要用小火炒香。

营养贴士

此面具有促消化、解毒、补血等功效。

视觉享受：★★★★　味觉享受：★★★★　操作难度：★★

酸辣面

TIME 40分钟

菜品特点
酸辣爽口
营养丰富

朝鲜冷面

TIME 40 分钟

观赏享受 ★★★★
味觉享受 ★★★★
操作难度：★★

菜品特点
冰凉清爽
酸辣爽口

主料： 面条适量

配料： 黄瓜1根，煮鹌鹑蛋1个，白萝卜、辣白菜、牛肉、辣椒面、香油、熟芝麻、蒜泥、洋葱丁、精盐、酱油各适量

操作步骤

①牛肉切大块浸凉水洗净，放进凉水锅里用旺火煮开，撇去血沫，放入酱油、精盐，改微火炖熟，捞出晾凉后切丝，将牛肉汤稍过滤后放入容器内待用。

②黄瓜去皮洗净切丝，白萝卜洗净切丝，辣白菜切片，煮鹌鹑蛋去壳切两半，蒜泥、辣椒面和水搅成糊状的蒜辣酱。

③将面条放入开水锅里煮熟，捞出放入凉水中过凉。

④将面条放入碗中，放上牛肉丝、辣白菜、黄瓜丝、洋葱丁、煮鹌鹑蛋，浇上蒜辣酱，浇上牛肉汤，撒上熟芝麻，淋上香油即可。

操作要领

黄瓜也可以用专门给蔬菜擦丝的工具擦成丝，既方便又快捷。

营养贴士

牛肉有补中益气、滋养脾胃、强健筋骨、化痰息风、止渴止涎等功效。

47

担担面

TIME 20分钟

菜品特点
圆汁酥香
咸鲜微辣

> **主料:** 圆形担担面 350 克, 宜宾碎米芽菜 70 克, 肉末 100 克
>
> **配料:** 生抽、鸡精、精盐、蒜末、辣椒油、葱花、花椒油、植物油、糖、醋、花椒各适量

视觉享受: ★★★★
味觉享受: ★★★★
操作难度: ★

操作步骤

①炒锅洗干净, 倒植物油烧热, 加入肉末炒, 一直煸炒至水汽全部蒸发, 肉末稍微炸干炸脆, 加入一小把花椒炒香, 加入适量的宜宾碎米芽菜翻炒片刻。

②炒好肉末的锅可以直接加水煮面, 面煮好后捞出, 控干水分放入碗里。

③将所有调味料混合均匀, 调成调味汁, 浇入面中, 放上碎米芽菜肉末, 拌匀即可。

操作要领

提前把花椒炒香, 然后压碎放入肉末中, 可以避免太麻。

营养贴士

此面具有温中、止泻、止痛、消食积、解毒、补血、改善血液循环、延缓衰老、抗氧化等功效。

巧做面食

★ ★ ★ ★ ★

蒸出来的
美味

★ ★ ★ ★ ★

小米发糕

TIME 100分钟

菜品特点
绵软可口
香气袭人

 **主料：** 面粉900克，小米面300克

配料： 酵母粉5克，葡萄干、玉米粒各适量，牛奶250克

操作步骤

①用面粉、小米面、酵母粉、牛奶和面，发酵1小时左右。

②在发好的面团内加入葡萄干、玉米粒，将面团揉匀，做成圆形；静置10分钟左右，使其再发酵；发好上锅，蒸30分钟，出锅后切成块即可。

操作要领

一定要发酵好之后再蒸。

营养贴士

此主食富含磷、铁、钙、脂肪、维生素 B_1、维生素 B_2、胡萝卜素、尼克酸及蛋白质等，适宜孕妇和缺铁性贫血患者食用。

老面<ruby>馒头</ruby>

视觉享受：★★★★
味觉享受：★★★★★
操作难度：★★

主料： 面粉 700 克，面肥 120 克

配料： 碱面 3 克

操作步骤

①面肥用水稀释后加入面粉和成面团，醒 4 小时，将发好的面添加碱面和薄面揉匀。

②揪成大小均匀的剂子，揉成馒头，醒 20 分钟，放入笼屉中。

③凉水入锅，中火烧开转大火蒸 25 分钟后，焖 3~5 分钟即可。

操作要领

为了避免馒头回缩，蒸好关火后，不能马上开锅盖，要焖几分钟。

营养贴士

面粉富含蛋白质，脂肪、碳水化合物和膳食纤维，具有养心益肾、健脾厚肠、除热止渴的功效。

牛肉萝卜蒸饺

视觉享受：★★★
味觉享受：★★★★
操作难度：★★

菜品特点
饮食荤素
暖心鲜香

○ **主料**：小麦面粉600克，白萝卜600克，牛肉（肥瘦）300克
○ **配料**：大葱50克，姜10克，甜面酱、香油各6克，盐、猪油（炼制）各10克

操作步骤

①将葱、姜洗净均切末；将萝卜洗净擦丝，煮至七八成熟后，捞出剁碎，挤净水分；牛肉洗净切末。
②锅内倒入猪油烧热，放入肉末，煸炒至七八成熟，离火，加入萝卜丝、面酱、葱末、姜末、精盐、香油，调拌均匀，即成馅料。
③将面粉用七成沸水烫成雪花状，晾凉，再倒入三成凉水揉匀成团；面、馅都准备好后开始包饺子。

④将蒸饺上屉，用旺火沸水蒸约10分钟，即可食用。

操作要领

萝卜和牛肉的比例根据个人口味而定。

营养贴士

白萝卜是老百姓餐桌上最常见的一道美食，含有丰富的维生素A、维生素C、淀粉酶、氧化酶、锰等元素。

翡翠蒸饺

TIME 50分钟

菜品特点
饺皮柔嫩
馅心鲜香

主料： 面粉、肉馅各 500 克，虾仁 100 克

配料： 菠菜、绿橄榄、木耳（鲜）、韭菜、竹笋、盐、鸡精、生抽、食用油、香油各适量

操作步骤

①菠菜开水烫过打成汁，转微波炉打 40 秒加热，热菠菜汁加入面粉搅拌，和成光滑的菠菜面团，翠色面团揉成长条，切成小剂子，擀成饺子皮；绿橄榄、木耳、韭菜、竹笋分别洗净剁碎。

②肉馅加入食用油、生抽、盐、鸡精、香油拌匀，和所有切好的菜料一起调拌均匀即成。

③饺子皮包入馅料封口，包好的翠饺子上笼锅开蒸15分钟即可。

视觉享受 ★★★
味觉享受 ★★★★
操作难度 ★★

操作要领

用同样的方法还可做成胡萝卜汁的翡色面团，两个面团掺在一起做成过渡色面团，然后一起捏饺子，形象会更佳。

营养贴士

菠菜含有大量的植物粗纤维，具有促进肠道蠕动的作用，利于排便，且能促进胰腺分泌，帮助消化。

视觉享受：★★★　味觉享受：★★★★　操作难度：★★

牛肉包子

TIME 60分钟

菜品特点
咸润蓬松
滑嫩甘辛

主料： 牛肉（肥瘦）250克，洋葱（白皮）200克，小麦面粉500克

配料： 葱汁、姜汁各50克，盐8克，味精2克，白砂糖15克，酱油5克，香油10克，泡打粉、酵母各5克

操作步骤

①将面粉、干酵母粉、泡打粉、白砂糖放盛器内混合均匀，加水250克，搅拌成块，用手揉搓成团，反复揉搓至光洁润滑。

②牛肉洗净绞馅，加盐、味精、酱油、香油拌匀，分次加入葱汁和姜汁，顺时针方向搅拌上劲，直至牛绞肉完全吃足水上劲。

③将洋葱切末，放入盛器中，再加入已上劲的牛肉馅，搅拌均匀，备用。

④将发好的面团分小块，再擀成面皮，包入馅，捏好，以常法蒸熟即可。

操作要领

要以旺火足气蒸制，中途不能揭盖，蒸出的包子才会饱满蓬松。

营养贴士

洋葱具有辛辣的香味，因含有丰富糖类，越煮越甜，与甘嫩的牛肉一同入馅，既美味又健康。

主料： 大酵面面团、碱面各适量

配料： 红糖、熟面粉各适量

操作步骤

①红糖、熟面粉拌匀，制成糖馅备用。

②将大酵面面团兑好碱面，充分揉均匀，揪成大小均匀的剂子，擀成中间厚、四周薄的面皮，每个面皮内包入30克红糖馅，收口成三角形状的坯子。

③把生坯放入笼屉内醒10分钟左右，用旺火蒸20分钟出笼即可。

操作要领

不可直接用红糖做馅，一定要和熟面粉混合才好。

营养贴士

红糖性温、味甘，有益气补血、健脾暖胃、缓中止痛、活血化瘀等功效。

视觉享受：★★★★　味觉享受：★★★★　操作难度：★

糖三角

TIME 30分钟

菜品特点
麦皮暄软
入口绵甜

豆沙包

TIME 40 分钟

- **主料：** 中筋面粉 250 克，红豆沙 240 克
- **配料：** 酵母 3 克，植物油少许

健康学分 ★★★★★
味觉学分 ★★★★★
操作难度 ★★

操作步骤

①将中筋面粉、水、干酵母混合和面，揉成一个光滑的面团，放于盆中，包上保鲜膜，发酵至 2 倍大。

②取出排气，重新揉圆，将面团分成约 30 克一个的剂子，擀成圆形面皮。

③掌心抹油，将豆沙搓成约 20 克一个的圆形小球，将豆沙置于面皮中间，包成圆形包子状，收口朝下，制成包子生坯，盖上保鲜膜醒发 10 分钟左右。

④将包子放入蒸锅中，盖上锅盖，大火烧开后转中火，蒸 15 分钟左右即可。

操作要领

包包子时，收口朝下，才能让包子的正面保持光滑。

营养贴士

红豆具有润肠通便、降血压、降血脂、调节血糖、解毒抗癌、预防结石、健美减肥的功效。

枣泥**粗粮包**

TIME 100分钟

菜品特点
口感香甜

> **主料：** 特精粉 500 克，燕麦 100 克，枣泥馅 400 克
> **配料：** 牛奶 250~300 克，酵母 5 克，食用油适量

操作步骤

①酵母从冰箱取出，放回室温，牛奶加热到 30 度左右，倒进酵母中，把酵母融化，静置 10 分钟。

②把特精粉、燕麦放入面盆中，慢慢倒入牛奶酵母，边倒边搅拌成絮状，揉成光滑面团，发酵至两倍大，取出揉光排气，二次发酵 15 分钟，再拿出揉光。

③把面团均匀分成 12 个剂子，擀面皮，每个放入 30 克左右的豆枣泥馅团，收口，转圈整形。

④在蒸屉涂一层食用油防沾，放入枣泥包静置 15 分钟后，放进已经上汽的蒸锅中，盖好盖子，中火 15 分钟，再关火虚蒸 3 分钟即可。

操作要领

冬天温度低时，可以把面盆放到有热水的蒸锅里发酵。

营养贴士

燕麦片的膳食纤维含量丰富，可以帮助大便通畅，其丰富的钙、磷、铁、锌等矿物质有预防骨质疏松、促进伤口愈合、防治贫血的功效。

椒盐花卷

TIME 200分钟

菜品特点
柔软咸香

● **主料：** 面粉 500 克
● **配料：** 鲜奶 250 克，糖 30 克，盐少许，酵母 6 克，椒盐粉适量

视觉享受 ★★★
味觉享受 ★★★
操作难度 ★★

操作步骤

①奶用微波转 1 分半，放入酵母，静置至起泡；面粉过筛，放入糖盐拌匀，将发好的酵母水倒入，面包机揉面 40 分钟。

②大约两小时后，面团为原来的两倍大，取出，擀平，洒上椒盐粉，切成宽条，三股一拧，打结。

③蒸锅放水，加热一会，关火，放入花卷静置 20 分钟，大火蒸 10 分钟，蒸好后晾一会再开锅取出。

操作要领

还有蒸花卷的面发酵到七八成开就可以了，面发的太过蒸出的花卷不容易成形。

营养贴士

椒盐花卷加入了鲜奶、糖和盐，味道咸香，营养更丰富，非常适合做给小朋友吃。

红枣油花

TIME 180分钟

视觉享受 ★★★
味觉享受 ★★★★
操作难度：★★

菜品特点
香甜松软

○ **主料：** 精面粉 500 克

○ **配料：** 猪板油 150 克，酵面 50 克，白糖、红枣各 100 克，苏打粉、蜜玫瑰各适量，熟猪油少许

操作步骤

①先将面粉放案板上，放入酵面、清水揉匀成面团，用湿布盖上，等2小时发酵后，放入苏打粉、熟猪油、白糖，反复揉匀。

②猪板油去筋膜剁成泥；玫瑰剁细；红枣洗净去核剁成细泥；三样拌和均匀，制成馅料。

③发好的面团放案板上，揉成长圆条，按扁，擀成约2厘米厚薄的长方形面皮，抹上一层馅料，卷成圆筒，搓长稍按扁，切成七八段面剂。

④每个剂子顺丝拉长，叠三层，入笼旺火蒸约15分钟至熟，取出装盘即成。

操作要领

面团要揉匀饧透，揉至光滑为宜。

营养贴士

这道主食中加入了红枣，营养丰富，是冬季滋补的佳品。

菜团子

TIME 30 分钟

菜品特点
色泽鲜亮
营养健康

主料： 面粉 200 克，玉米面 100 克
配料： 酵母粉 5 克，东北酸菜 1 袋，精盐、葱末、鸡精、香油、姜粉、五香粉、猪油渣各适量

操作步骤

①玉米面和面粉掺和后，加酵母粉和水揉成光滑的面团，醒发至 2 倍大。

②东北酸菜用水清洗攥干后切成碎末，猪油渣切成碎末放到碎酸菜中，放入葱末、姜粉、五香粉、精盐、鸡精、香油等调料拌匀制成菜馅；发好的面团切成剂子，用手压扁后包入菜馅，收口包好。

③将包好的菜团子放入笼屉，冷水上锅，中小火烧 10~15 分钟，转大火烧开后旺火蒸 10 分钟即可。

视觉享受：★★★★
跟着学习：★★★★
操作难度：★★

操作要领

和面时也可先将玉米面用开水烫过再掺入面粉和好，这样发出来的面就不会过于松散，也好包一些。

营养贴士

玉米面是粗纤维食物，不仅营养丰富，还有清理肠道的功效。

视觉享受：★★★　味觉享受：★★★　操作难度：★★

三合面发糕

TIME 60分钟

菜品特点
松软微甜

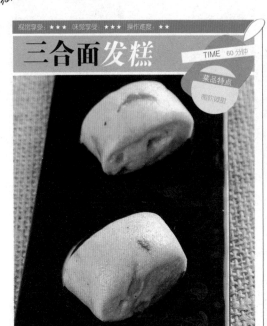

主料： 小麦面粉300克，黄豆粉150克，玉米面（黄）150克

配料： 枣（干）25克，梅子25克，酵母15克

操作步骤

①将玉米面放入盆内，倒入八成开的水边搅边烫，晾凉后与面粉掺在一起，加入鲜酵母，用温水和成稀软面团。

②将红枣用开水泡开，洗净，去核，与青梅均切成小条。

③将发好的面团放在案板上，掺入黄豆粉揉匀，加入红枣条、青梅条拌匀，备用。

④向蒸锅内倒水，烧沸后铺好屉布，倒入面团，用手蘸水拍匀，再用小刀蘸水割成小方块，用旺火蒸熟，即可食用。

操作要领

切面团的时候蘸一下水，不易粘。

营养贴士

三合面混合食用，其蛋白质的营养价值显著提高，有助于人体吸收。

主料： 山药500克，面粉150克，澄沙馅250克

配料： 果丹皮适量

操作步骤

①面粉在屉布上蒸透，炒干，过筛；山药洗净，上屉蒸烂，晾凉，剥去外皮，碾压成泥，加50克熟面粉，揉成面团。

②取一小块山药面团，擀成长方形的块，再把澄沙馅擀成同样大小的块，放在山药面块上，再放一块同样大小的果丹皮，其余材料同样做法，然后上屉蒸熟即可。

操作要领

铺层厚薄要均匀，切块大小要一致。

营养贴士

此糕有补脾养胃、生津益肺、补肾涩精等功效。

视觉享受：★★★★　味觉享受：★★★★　操作难度：★

山药糕

TIME 20分钟

菜品特点
花色美观
清香味甜

黑米馒头

TIME 45分钟

菜品特点
清香松软
营养丰富

➡ **主料:** 小麦面粉 1000 克，黑米面 60 克
➡ **配料:** 酵母水 4 克

视觉享受：★★★★
味觉享受：★★★★
操作难度：★

↻ 操作步骤

①将小麦面粉与黑米面以 6 : 1 的比例混合均匀，
加入化好的酵母水，揉成面团，静置发酵至 2 倍大。
②将面团揉均匀，分成大小相同的剂子，拌成团状，
醒发 15 分钟，上锅蒸 30 分钟即可。

⚑ 操作要领

发酵至 2 倍大时再揉均匀，是为了将发酵产生的气
排出。

☞ 营养贴士

黑米有滋阴补肾、健身暖胃、明目活血、清肝润肠、滑
湿益精、补肺缓筋等功效。

 TIME 60分钟

小米面发糕

菜品特点
绵软可口
香气宜人

- 🔴 **主料:** 小米面500克
- 🔵 **配料:** 小麦面粉120克,红小豆60克,酵母15克

视觉享受:★★★★
味觉享受:★★★★
操作难度:★★

🌀 操作步骤

①将红小豆淘洗干净,煮熟。

②将面粉放入盆内,加入鲜酵母、适量温水,和成稀面糊,静置发酵,待面发起后,加入小米面,和成软面团,分成若干扁圆形面团。

③向蒸锅内倒水,烧沸后铺上屉布,放入和好的面团,用手蘸清水轻轻拍平,把煮熟的红小豆撒在上面,用手拍平,盖严锅盖,用旺火蒸熟,即可食用。

🔵 操作要领

入笼蒸时要用沸水旺火速蒸,蒸至表面不粘手即可。

🐦 营养贴士

这道主食富含磷、铁、钙、脂肪、维生素 B₁、维生素 B₂、胡萝卜素、尼克酸及蛋白质等,适宜孕妇、缺铁性贫血患者食用。

南瓜发糕

菜品特点
口感松软
香味浓郁

主料： 南瓜300克，自发粉260克
配料： 牛奶适量

视觉享受：★★★
味觉享受：★★★★
操作难度：★★

操作步骤

①把南瓜去皮、切块、煮熟，捣成泥状。
②趁热加入自发粉和热牛奶，调成比较稀的南瓜糊。
③将南瓜糊放入密封容器内，在室温条件下放置2~3小时，等它体积膨胀一倍之后，做成想要的形状，隔水蒸20分钟，出锅，晾凉后切片。

操作要领

因为发酵需要一定的温度，所以要趁南瓜泥热的时候加入自发粉和热牛奶。

营养贴士

南瓜含有丰富的胡萝卜素和维生素C，可以健脾、预防胃炎、防治夜盲症、护肝、使皮肤变得细嫩，并有中和致癌物质的作用。

 白玉土豆凉糕

TIME 50 分钟

菜品特点
外形美观
清凉爽口

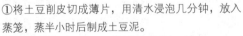 **主料：** 小土豆、鸡蛋各 5 个，面粉适量
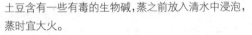 **配料：** 发粉少许，白糖适量，蜡纸 1 张

视觉享受：★★★★
味觉享受：★★★
操作难度：★★

操作步骤

①将土豆削皮切成薄片，用清水浸泡几分钟，放入蒸笼，蒸半小时后制成土豆泥。

②将面粉装盘上屉蒸 30 分钟，凉后擀成细粉。

③取蛋清加糖、熟面粉、发粉、土豆泥搅拌均匀，并切成几块想要的形状。

④在小笼屉内铺一张蜡纸，将做好的生坯放入笼屉，蒸 15 分钟即可。

操作要领

土豆含有一些有毒的生物碱，蒸之前放入清水中浸泡，蒸时宜大火。

营养贴士

这道食品适合宝宝夏天作为糕点零食，可为宝宝补充蛋白质、增加营养。

玉米面蒸饺

TIME 40分钟

菜品特点
操作简单
营养美味

观赏享受: ★★★★
味饮享受: ★★★★
操作难度: ★

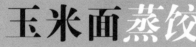 **主料:** 细玉米面 200 克,饺子粉 50 克,肉馅 200 克

 **配料:** 青椒 1 个,虾皮 30 克,葱末、姜末各 10 克,精盐、鸡精各 6 克,酱油、香油各 7 克,甜面酱 5 克,熟植物油 20 克,花椒粉适量

操作步骤

①青椒洗净,剁碎,挤去水分与肉馅、虾皮混合,加入葱末、姜末、精盐、鸡精、酱油、香油、甜面酱、熟植物油、花椒粉拌匀成馅;饺子粉和玉米面用热水揉和成面团,醒一会儿。

②案板上撒上饺子粉,将玉米面团揉成条,揪成小剂子,按扁,擀成皮,包入馅料包成饺子坯,上笼用旺火蒸 15 分钟即成。

操作要领

15 分钟后蒸好,不要马上掀锅盖,等 10 分钟再掀。

营养贴士

玉米具有降血压、降血脂、抗动脉硬化、预防肠癌、美容养颜、延缓衰老等多种保健功效。

视觉享受：★★★★★ 味觉享受：★★★★★ 操作难度：★★

黏豆包

TIME 35分钟

菜品特点
色泽金黄
软甜不腻

⇒ **主料**：黄米面、干面粉各适量
⇦ **配料**：红小豆、酵母粉、白糖、植物油、桂花酱各适量

操作步骤

①将黄米面放入盆中，加入 300 克 60℃的温水，将其和成面团，待凉后，把酵母粉用水化开，再加入干面粉，倒入黄米面中和匀，醒几个小时。
②红小豆淘洗干净，放入高压锅中压 15 分钟，压好后开盖加入白糖、少许植物油，用力将红豆捣碎，放入适量桂花酱搅拌成豆沙。
③将面团取出制成包子皮，包好豆沙馅，入锅蒸12~15 分钟即可。

操作要领

黄米面和面不要太硬，略软一些比较好。

营养贴士

黄米富含蛋白质、B 族维生素、锌、锰等营养元素，具有维持大脑功能、提供膳食纤维、节约蛋白质、解毒、增强肠道功能等作用。

⇒ **主料**：面粉 500 克，猪肉 300 克，韭菜500 克，南瓜 200 克
⇦ **配料**：葱 10 克，姜 5 克，胡椒粉、味精各 2 克，鸡蛋 1 个，甜面酱 30 克，精盐、香油各 5 克，生抽 10 克，料酒 15 克，花生油、生抽、老抽各适量

操作步骤

①韭菜择洗干净，切碎；葱、姜切成碎末，备用；将南瓜去皮、去瓤，蒸熟后压碎成糊状。
②猪肉切成小块后剁碎，添加料酒、老抽、生抽、甜面酱调匀。
③韭菜、葱末、姜末磕入一个鸡蛋，放入肉馅，加花生油、精盐、胡椒粉、味精、香油调匀。
④南瓜糊与面粉混合，和成光滑面团，盖上保鲜膜静置 30 分钟揉匀，搓成长条，揪成大小均匀的剂子，擀成饺子皮，包进肉馅，捏成饺子，上笼屉蒸熟。

操作要领

在混合完南瓜糊和面粉后，要先倒入沸水烫一下面团，然后加冷水和面。

营养贴士

此蒸饺具有补肾温阳、益肝健脾的功效。

视觉享受：★★★★★ 味觉享受：★★★★★ 操作难度：★★

黄金蒸饺

TIME 50分钟

菜品特点
鲜香可口
操作简单

核桃蒸糕

TIME 50分钟

菜品特点
细腻可口
营养美味

糊化享受 ★★★★
味觉享受 ★★★★
操作难度 ★★★

● **主料：** 中筋面粉 250 克，核桃 200 克
● **配料：** 蛋黄 80 克，二砂糖 200 克，白砂糖粉 50 克，水果酒 20 克，发粉 3 克，精盐 2 克，蛋白 160 克，橄榄油 35 克，奶水 40 克

操作步骤

①蛋黄与 60 克二砂糖打至糖溶解。

②中筋面粉和发粉一同过筛，与精盐混合均匀。

③核桃与 50 克白砂糖粉、20 克水果酒一同拌匀，静置 30 分钟后，放入烤箱以 180℃烤约 8 分钟。

④取部分蛋白与 140 克二砂糖打至湿性发泡，先取 1/3 与作法①的蛋黄液拌匀，再加入剩余蛋白拌匀，再加入作法②的混合物拌匀，再与 150 克做法③的核桃拌匀成面糊。

⑤橄榄油与奶水拌匀，放入部分面糊先拌匀后，再

加入剩余面糊一同拌匀，然后装入模型，在表面撒上剩余 50 克做法③的核桃，移入蒸笼，以中小火蒸约 30 分钟即可。

◆ 操作要领

蒸糕时，一定要用中小火慢慢蒸。

☞ 营养贴士

此糕具有补脑、美容、补血益气、活血化瘀、益心血管、调经、养阴补虚等功效。

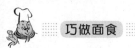

白菜猪肉包

菜品特点
烹鲜美味
营养主食

视觉享受: ★★★★
味觉享受: ★★★★
操作难度: ★★★

● **主料:** 面粉250克，猪绞肉300克，白菜200克
● **配料:** 酵母5克，精盐、花椒粉、香油、酱油、姜末、葱末各适量

操作步骤

①将面粉、酵母、温水混合，和面，揉成光滑面团，发酵至2倍大。

②将面团排气，分割成2份，分别揉成长条，切成小剂子，擀成圆形面皮。

③发酵的同时，在猪绞肉中放入姜末、葱末、花椒粉、精盐、香油、酱油，搅拌至充分融合；将白菜洗净剁碎攥干水分，放入肉馅中拌匀。

④将拌好的馅料放在面皮上，包成包子，放入蒸锅中，先醒15分钟，开大火至锅开后转中火，上汽约15分钟后即可。

操作要领

拌肉馅时要顺一个方向搅动。

营养贴士

白菜具有除烦、利水、清热解毒等功效。

酱香蒸饺

TIME 30 分钟

菜品特点
玲珑剔透
酱香浓郁

视觉享受：★★★★★
味觉享受：★★★★★
操作难度：★★

**主料：** 面粉 500 克，猪肉馅 300 克，冬瓜 150 克

**配料：** 火腿末 20 克，姜末 5 克，精盐、酱油各 3 克，香油、白酒各 10 克

🔄 操作步骤

①将面粉用热水和成烫面团，并切成小块，再擀成饺子皮。

②猪肉馅剁细，放入火腿末、姜末和所有的调味料（酒、精盐、酱油、清水、香油）拌匀，冬瓜洗净去皮，切成小丁，放入肉馅中搅拌均匀。

③每张饺子皮中包入适量的馅料，捏成饺子。把做好的饺子放入蒸笼中，用大火蒸 8 分钟即可。

🥄 操作要领

冬瓜可以切得碎一些，口感会更好。

👉 营养贴士

此菜具有调理贫血、糖尿病及滋阴养生等功效。

69

TIME 30 分钟

菜品特点
形色美观
松软绵韧

海棠花卷

视觉享受：★★★★★
味觉享受：★★★★★
操作难度：★★

主料： 精面粉 500 克

配料： 酵面 50 克，熟猪油 50 克，苏打粉适量，白糖、食用红色素各少许

操作步骤

①将精面粉倒在案板上，中间扒个窝，加入酵面、清水揉成面团，用湿布盖好，发酵 2 小时，加入苏打粉、白糖揉匀，取 1/3 的面团加入食用红色素揉成粉红色面团。

②醒好的白面团揉搓成长圆条，按扁，擀成 20 厘米长、5 厘米宽、0.5 厘米厚的面条，再把粉红色面团也擀成同样大小的面皮，将红面皮叠放在白面皮上微擀，抹少许熟猪油，由长方形窄的两边向中间对卷，在两个卷合拢处抹少许清水，翻面搓成直径约 3 厘米的圆条，用刀切成面段，立放在案板上。

③笼内抹少许熟猪油，用筷子将案板上立着的面段从两个圆卷向中间夹成四瓣，入笼蒸约 15 分钟至熟即成。

操作要领

蒸用沸水、旺火速蒸，蒸至表面光滑不粘手即可。

营养贴士

此花卷具有养心益肾、健脾厚肠、除热止渴等功效。

 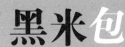

黑米包

TIME 30分钟

菜品特点
形如石榴
馅多皮薄

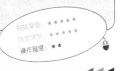

○ **主料：** 发酵面团 500 克，黑米 300 克
○ **配料：** 白糖适量

初期孕妇：★★★★★
晚期孕妇：★★★★★
操作难度：★★

操作步骤

①将黑米蒸熟，加入白糖搅拌均匀，晾凉。
②取发酵面团搓条，下剂，擀皮。
③用匙板将黑米包入皮内，做成烧卖形状的包子生坯，醒发后上笼，以旺火蒸 10 分钟即成。

操作要领

蒸时要用旺火。

营养贴士

黑米具有滋阴补肾、健脾暖肝、明目活血等功效。

71

视觉享受：★★★★★ 味觉享受：★★★★★ 操作难度：★★

三鲜包子

TIME 40分钟

菜品特点

鲜香清爽
味美可口

➡ **主料：** 干面粉、鸡蛋、韭菜各适量
👉 **配料：** 酵母粉1克，泡打粉2克，胡萝卜、水豆腐、粉条、精盐、植物油各适量

🔄 操作步骤

①韭菜洗净，沥干水，切段，鸡蛋打散，水豆腐和胡萝卜切小丁，粉条提前泡软切碎，将以上材料混合在一起，加植物油、精盐等调料搅拌均匀。

②干面粉加酵母粉和泡打粉，加入40℃的温水，揉成一个光滑的面团，醒一会。醒好后继续揉，将里面的气泡揉除后，揉成长条状，切成小剂子。

③把面剂子擀成中间厚四周薄的面片，把馅料包进面片中，捏褶收口；在篦子上刷一层植物油，冷水大火上锅蒸，冒气后继续大火蒸5分钟，再转小火25分钟后关火，焖5分钟开盖即可。

🔵 操作要领 ◀◀◀

选面粉时要注意，饺子粉和高筋粉是不适合包包子、蒸馒头的，这类面粉适合做手擀面和饺子皮用。

👉 营养贴士

韭菜具有健胃、提神、止汗固涩、补肾壮阳、固精等功效。

➡ **主料：** 小麦粉500克
👉 **配料：** 干酵母粉5克，水适量

🔄 操作步骤

①将酵母粉倒入温水中调匀，分次倒入面粉中，边倒水边用筷子搅拌，直到面粉开始结成块用手反复搓揉，待面粉揉成团时，用湿布盖在面团上，静置40分钟。

②面团膨胀到两倍大时，在面板上撒上适量干面粉，取出发酵好的面团，用力揉成表面光滑的长条。切成大小均匀的馒头生坯，放在干面粉上再次发酵10分钟。

③蒸锅内加入凉水，垫上蒸布，放入馒头生坯，用中火蒸15分钟，馒头蒸熟后关火，先不要揭开盖子，静置5分钟后再出锅。

🔵 操作要领 ◀◀◀

馒头要凉水下锅，水开后保持中火。

👉 营养贴士

面粉富含蛋白质、碳水化合物、维生素和钙、铁、磷、钾、镁等矿物质，有养心益肾、除热止渴的功效。

视觉享受：★★★★★ 视觉享受：★★★★★ 操作难度：★★

刀切馒头

TIME 40分钟

菜品特点

膨松饱满

素包子

TIME 30分钟

菜品特点
清香美味
老少咸宜

视觉享受：★★★★★
味觉享受：★★★★★
操作难度：★★

主料： 面粉300克，卷心菜1/2个，香菇10朵，鸡蛋2个

配料： 胡萝卜1根，黑木耳10克，魔芋丝1包，精盐、姜末、鸡精、香油、白胡椒粉、植物油、枸杞各适量

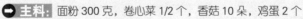

操作步骤

①面粉揉成面团醒好。

②卷心菜、胡萝卜、香菇、黑木耳切碎，魔芋丝稍微切一下，鸡蛋多放油炒散，一起混匀成馅，并放入香油、姜末、精盐、鸡精、白胡椒粉、植物油调味。

③将发好的面揉均匀，分成小剂子，包入馅料，把枸杞放在包好的包子上。

④包好的包子放入蒸锅醒15分钟左右，冷水上屉蒸，蒸好以后不能马上掀盖子，稍微冷了以后再开盖。

操作要领

包好的包子放在蒸锅醒15分钟，可使包子变得松软饱满。

营养贴士

卷心菜性平、无毒，有补髓、利关节、壮筋骨、利五脏、调六腑、清热、止痛等功效。

春饼

TIME 15 分钟

菜品特点
制作简单
滑软劲道

主料： 面粉 300 克
配料： 植物油适量

视觉享受：★★★★★
味觉享受：★★★★★
操作难度：★

操作步骤

①面粉加水和成光滑的面团，盖上保鲜膜静置 30 分钟，将面团揉成长条，切成小剂按扁，每一面刷涂一层油，2 张摞在一起，擀薄擀大。

②将 10 张饼一起放入蒸锅大火蒸 10 分钟，稍晾凉后一层层揭开即可。

操作要领

春饼有蒸和烙两种方法，不管哪种方法，抹油时都要均匀，以防两张饼之间有粘连。

营养贴士

根据自己的喜好，选择一些蔬菜和肉类，用春饼卷着吃，不仅营养丰富，而且口感柔韧有嚼劲。

奶黄包

TIME 60分钟

菜品特点
奶香浓郁
松软香甜

视觉享受：★★★★★
味觉享受：★★★★★
操作难易：★★

 **主料：**面粉250克，黄油40克

配料：白糖75克，奶粉25克，吉士粉、澄粉各10克，干酵母3克，鸡蛋适量

操作步骤

①黄油软化用打蛋器搅打至顺滑，加白糖搅打至发白，分3次加入打散的鸡蛋，搅打均匀，即成奶黄馅。

②所有的粉类混合过筛，加入盆中拌成均匀的面糊，上锅蒸30分钟，蒸好后搅散翻压至光滑平整，冷藏60分钟以上。

③面粉里放入酵母，揉和成光滑的面团，包上保鲜膜发酵至2倍大，重新揉圆，将面团搓成长条分小剂子，擀成圆形面皮，取奶黄馅搓成圆形，置于面皮中间包好，收口朝下即成。

④蒸锅水烧上汽，放入包子，盖锅盖，大火蒸15分钟左右即可。

操作要领

奶黄馅若想要有松软起沙的口感，在蒸制的时候一定要每间隔10分钟取出一次，用打蛋器搅散后再上锅蒸。

营养贴士

奶黄包营养丰富，适合营养不良、气血不足者食用。

 窝头

TIME 40分钟

菜品特点
色泽金黄
富含纤维素

○ **主料：** 细玉米面320克
○ **配料：** 黄豆粉160克，大枣适量

🥄 操作步骤

①将细玉米面、黄豆粉混合加入温水，放入切碎的大枣揉成面团，揉匀后搓成圆条，再揪成面剂。

②在捏窝头前，右手先蘸点凉水，擦在左手心上，取面剂放在左手心里，用右手指揉捻几下，将风干的表皮捏软，再用两手搓成球形，仍放入左手心里。

③右手蘸点凉水，在面球中间钻一个小洞，边钻边转动手指，左手拇指及中指协同捏拢。将窝头上端捏成尖形，直到窝头捏到0.3厘米厚，且内壁外表

均光滑，上屉用武火蒸20分钟即成。

🌶 操作要领

切大枣前应先去除枣核。

🥢 营养贴士

窝头多是用玉米面或杂合面做成，含有丰富的膳食纤维，能刺激肠道蠕动，可预防动脉粥样硬化和冠心病等心血管疾病。

TIME 20分钟

菜品特点

鲜香可口

广式腊肠卷

观感享受：★★★
味觉享受：★★★★
操作难易：★★★

主料： 面粉 250 克，腊肠 150 克

配料： 泡打粉 4 克，酵母 2 克，白糖 20 克，猪油 2.5 克，牛奶 50 克，水 75 克

操作步骤

①面粉加入配料和成面团，醒 10 分钟后再揉光，揪成 45 克左右的剂子，搓长条，长度要为腊肠的 3 倍左右。

②面条缠绕在腊肠上，两头留空，卷好。

③卷好的腊肠卷放入水开后的蒸锅中，蒸 10 分钟即可出锅，晾凉后即可食用。

操作要领

蒸的时候不能有太多的蒸汽损失，如果盖不严，蒸汽大出，就要用毛巾或用湿纸巾盖在出气的缝隙处。

营养贴士

腊肠可开胃助食，增进食欲。

黄米切糕

TIME 60 分钟

菜品特点
黄红相间
口感绵软

➡ **主料**：黄米、红小豆各适量
➡ **配料**：白糖、生菜叶各适量

视觉享受：★★★★
味觉享受：★★★★
操作难度：★★★

🔄 操作步骤

①黄米磨成细粉，过滤后备用；红小豆洗净，入锅煮至熟软，捞出控净水。

②黄米面与水按 1：1 的比例调成稠浆糊，加适量白糖后倒在铺有湿布的蒸笼上，摊成约 3 厘米厚，放入蒸锅用旺火蒸至金黄色将熟时，开锅；撒上一层红小豆，约 3 厘米厚，摊平；紧接着再倒上一些黄米面稠糊，约 6 厘米厚，摊平，上笼再蒸，然后再撒上一层红小豆，蒸至熟透。

③盘底摆生菜叶，切糕切片摆生菜叶上即可。

🔄 操作要领

黄米面糊的稀稠度要掌握好，不宜太稀，否则糕层薄。

📋 营养贴士

黄米味甘、性微寒，一般人群均可食用，具有益阴、利肺、利大肠的功效。

胡萝卜包子

TIME 40 分钟

菜品特点
清香美味
老小咸宜

精做字数：★★★★★
味觉爆发：★★★★★
操作难度：★★

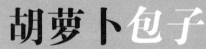

🔴 **主料：** 面粉 500 克，鸡蛋 5 个，胡萝卜 5 根，木耳适量
🔴 **配料：** 植物油、精盐、酱油、葱花各适量

🌿 操作步骤

①面粉揉成面团醒好；木耳泡发洗净剁碎；胡萝卜洗净，擦成细丝后剁碎。

②鸡蛋打散放精盐，放入油锅中，炒散，熟后盛出；锅中放植物油，油热后放入葱花炒香，放入胡萝卜、木耳、精盐、酱油，翻炒至胡萝卜微软盛出，胡萝卜稍凉后，放入炒好的鸡蛋拌匀，制成馅料。

③将发好的面揉均匀，分成小剂子，包入馅料。

④将包好的包子放入蒸锅醒 15 分钟左右，包子变得松软饱满后再冷水上屉蒸，蒸好以后不能马上掀盖子，稍微冷了以后再开盖。

💧 操作要领

鸡蛋炒得越嫩越好。

📖 营养贴士

胡萝卜有益肝明目、利膈宽肠、健脾除疳、增强免疫功能、降糖降脂等功效。

 扒糕

TIME 30 分钟

视觉享受：★★★
味觉享受：★★★★
操作难度：★★

菜品特点
气味清香
口感香滑

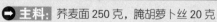 **主料**：荞麦面 250 克，腌胡萝卜丝 20 克

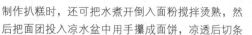 **配料**：盐、酱油、醋、芝麻酱、芥末酱、辣椒油、蒜汁各适量

操作步骤

①往荞麦面里放少许盐拌匀，用热水和成软面团，放入盘或碗里按平，罩上保鲜膜上笼蒸 20 分钟。

②面团蒸熟后取出晾凉，然后用刀切成条码入盘中，里面放入腌胡萝卜丝，浇上用芝麻酱、芥末酱、酱油和醋混合的酱料，再浇上辣椒油、蒜汁拌匀即可。

操作要领

制作扒糕时，还可把水煮开倒入面粉搅拌烫熟，然后把面团投入凉水盆中用手攥成面饼，凉透后切条拌食。

营养贴士

夏季吃冰镇的扒糕，可消暑开胃。

芽菜小包

TIME 40分钟

视觉享受：★★★★★
味觉享受：★★★★★
操作难度：★★★

菜品特点
芽菜味浓
营养丰富

 **主料：** 面粉 500 克，碎米芽菜 100 克，猪绞肉 250 克

 **配料：** 白糖 25 克，精盐 5 克，味精 2 克，猪油 50 克，料酒、香油各 15 克

操作步骤

①面粉和成面团，然后加猪油揉匀揉透，盖上湿毛巾静置 10 分钟；将猪绞肉分成两份。

②锅置火上，加猪油烧热，下其中一份猪绞肉炒散，加料酒、精盐炒干水分，再加芽菜炒香起锅，冷后拌入另一半猪绞肉和白糖、味精、香油即可。

③将醒好的面团轻轻搓成长条，扯成面剂，整齐地放在案板上，撒上少许干面粉，取面剂，用手按成圆皮，放入馅心，用手提捏成收口的细褶纹包子，放入刷油的蒸笼内（每个包子间隔两指宽），醒面约 30 分钟。

④旺火烧至水开，蒸约 10 分钟即可。

操作要领

芽菜以四川宜宾的碎米芽菜为佳。

营养贴士

芽菜营养丰富，尤其是微量元素和维生素 B_1，维生素 B_2 含量很丰富。

虾仁蒸饺

TIME 30分钟

菜品特点
鲜香可口
老少皆宜

视觉享受：★★★★
味觉享受：★★★★★
操作难度：★★

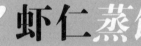 **主料：** 面粉450克，生虾肉500克，熟虾肉300克，肥猪肉125克

配料： 干笋丝125克，猪油90克，淀粉50克，精盐、味精、白糖、麻油、胡椒粉各适量

操作步骤

①将面粉、淀粉加精盐拌匀，用开水冲搅，加盖焖5分钟，取出搓匀，再加猪油揉匀成团，待用。

②生虾肉洗净吸干水分，用刀背剁成细茸，放入盆内。

③熟虾肉切小粒；猪肥肉用开水稍烫冷水浸透，切成小粒；干笋丝发好用水漂清，加些猪油、胡椒粉拌匀；在虾茸中加点精盐，用力搅拌，放入熟虾肉粒、肥肉粒、笋丝、味精、白糖、麻油等拌匀。

④将面团揪剂，制皮，包入虾馅，捏成水饺形，上蒸笼内旺火蒸熟即可。

操作要领

分生、熟虾肉是为了使虾鲜味更浓，口感更好。

营养贴士

虾仁中含有20%的蛋白质，是蛋白质含量很高的食品之一，是营养均衡的蛋白质来源。

玉米面包子

视觉享受：★★★★★
味觉享受：★★★★★
操作难度：★★

TIME 40分钟

菜品特点
皮薄馅多
营养开胃

➡主料： 小萝卜菜100克，猪腿肉500克，玉米面500克，普通面粉300克

➡配料： 老抽、精盐、鸡精、葱末、姜末、五香粉、植物油各适量

🍴 操作步骤

①小萝卜菜择去老叶和根，洗净，用热水焯一下，冷水过凉，沥干水分，切碎；猪肉洗净，剁成肉糜，加入葱末、姜末、老抽、精盐、五香粉和鸡精拌匀，加入适量植物油，和萝卜菜一起拌匀。

②玉米面用开水烫后，加入面粉和匀，分成均匀的剂子，擀成饼皮，包入馅，用玉米皮垫底，入锅蒸，开锅后15分钟停火，再焖5分钟即可。

🥄 操作要领

加了玉米面的包子皮很软，擀的时候不要太用力，否则易破。

👉 营养贴士

玉米中含有大量的卵磷脂、亚油酸、谷物醇、维生素E、纤维素等，是糖尿病人的适宜佳品。

  紫米发糕

视觉享受：★★★
味觉享受：★★★★
操作难度：★

TIME 30 分钟

菜品特点
香甜可口
制作简单

➡ **主料**：米粉 50 克，紫米粉 25 克，低筋面粉 30 克
👉 **配料**：细砂糖 35 克，酵母粉 2 克

🌱 操作步骤

①将米粉、细砂糖、酵母粉、低筋面粉、紫米粉放入容器中，加水拌匀，盖起来发酵 2 小时。
②面糊发好后倒入容器里，放入蒸锅中蒸 20 分钟，出锅后用刀切块即可。

👍 操作要领

发酵时，注意一定要上面有泡了才可以。

👉 营养贴士

紫米含有丰富的蛋白质、脂肪、赖氨酸、核黄素、叶酸等多种维生素及锌、铁、钙、磷等微量元素。

发糕

TIME 60分钟

菜品特点
软糯可口
好吃营养

视觉享受：★★★★
味觉享受：★★★★
操作难度：★★

● 主料： 大米粉、面粉各 150 克
● 配料： 酵母（干）、泡打粉各 2 克，白糖 20 克，色拉油适量

操作步骤

①将大米粉、面粉和泡打粉以及白糖混合，放入面包机中，再将酵母溶于温水中，也倒入面包机中，和成面团。

②取出面团整理成形。取一盆，底部抹色拉油，放入面团，再将其一同放入烤箱中，启动发酵挡，发酵至 2 倍大。

③开水上锅，大火蒸 30 分钟，蒸好后立即取出，倒扣脱模。

操作要领

制作发糕，要想松软，一定要醒发到位。

营养贴士

此糕具有补血、健脾的功效。

肉末豆角包

TIME 90分钟

菜品特点
面面不散
口味独特

🔘 **主料：** 里脊肉适量

🔘 **配料：** 豆角、盐、生抽、老抽、食用油、糖、淀粉、面粉、酵母粉、碱面水各适量

🔁 操作步骤

①里脊肉切丁，加少许水、生抽、盐拌匀，停20分钟左右加少许淀粉拌匀，再加点儿食用油拌一下；豆角切碎备用。

②炒锅放油，油温热时把肉丁放入翻炒，变色后少许老抽上色，然后加豆角，加少许水翻炒至熟，然后加盐、糖调味，盛出装在碗里，即成包子馅。

③面粉内加酵母粉、温水和成面团发酵，再加碱面水揉匀，醒20分钟待用，将面团搓成长条，切成

小剂子，再将小剂子压成面片，包入包子馅，捏好。

④将捏好的包子放入蒸笼蒸熟即可。

🔥 操作要领 ◀◀◀◀

步骤①中停20分钟左右是为了让肉充分吸收水分。

👉 营养贴士

豆角性平，有化湿补脾的功效，对脾胃虚弱的人尤其适合。

野菜包子

观感享受：★★★★★
味觉享受：★★★★★
操作难度：★★

TIME 30 分钟

菜品特点
清香可口
健康美味

 **主料：** 面粉 300 克，马齿苋、小白菜各适量

 **配料：** 精盐、料酒、酱油、小葱、调和油、胡椒粉、香油、酵母各适量

操作步骤

①将马齿苋、小白菜、小葱切碎放入盆中，放入胡椒粉、酱油、料酒、精盐、香油、调和油拌匀做成馅。

②面粉加水、酵母揉成面团，发好，搓成长条，用刀切成小剂子，将小剂子搓圆，擀成圆片。

③圆片上放入馅，包成包子，放入蒸屉醒 15 分钟，再放入蒸锅蒸 15~20 分钟即可。

操作要领

可以根据自己的喜好，将马齿苋换成其他可食用野菜。

营养贴士

马齿苋具有清热解毒、凉血止血、散瘀消肿的作用。

山东酱肉包

菜品特点
酱肉鲜香
口味独特

➡ **主料：** 面粉 1000 克，猪肉 500 克，洋葱 450 克

👉 **配料：** 胡萝卜 50 克，植物油、小苏打、葱末、姜末、豆瓣酱各适量

视觉享受 ★★★★
味觉享受 ★★★★
操作难度 ★★

🥢 操作步骤

①面和好后放在温暖处发一夜；猪肉剁碎，洋葱、胡萝卜切粒备用；豆瓣酱适当加点水稀释一下。

②锅中多加点植物油，放入葱末、姜末爆香，放入豆瓣酱炒出香味，再加入洋葱、胡萝卜继续翻炒，然后放入猪肉，炒变色、炒匀后盛出晾凉。

③发好的面加入小苏打揉十几分钟，再醒 10 分钟，把面揉成长条，再切成面剂，擀成饼，包入馅料后包成包子，醒 15 分钟。

④水烧开后入锅蒸 15~20 分钟，具体时间视包子的大小而定。

🔥 操作要领

炒肉及豆瓣酱的时候多放点油，包子会更香。

👉 营养贴士

猪肉具有补虚强身、滋阴润燥、丰肌泽肤的作用。

龙眼汤包

TIME 20分钟

菜品特点
味道鲜美
老少皆宜

观赏享受 ★★★★
味觉享受 ★★★★
操作难度：★

- **主料：**烫面面团500克，猪肉泥250克
- **配料：**味精、生油、酱油、葱末、姜末、精盐各适量

操作步骤

①猪肉泥中加入酱油、葱末、姜末、精盐、味精、生油搅拌均匀，制成馅料。

②取烫面面团搓条，下剂，擀皮。

③用匙板将馅料包入皮内，不用醒发，上屉蒸10分钟即成。

操作要领

烫面面团不用醒发。

营养贴士

此汤包具有养心益肾、健脾厚肠、除热止渴、补充蛋白质和脂肪酸、补肾滋阴、润燥等功效。

 三鲜烧卖

TIME 30分钟

菜品特点
形如石榴
鲜香可口

● **主料：** 面粉 500 克，肉馅 200 克，糯米 250 克
● **配料：** 虾仁 100 克，水发香菇、水发木耳各 100 克，葱末、姜末、精盐、酱油、鸡精、五香粉、香油各适量

操作步骤

①把木耳、香菇和虾仁剁成碎，加入肉馅，再加入葱末、姜末、酱油、精盐、鸡精、香油、五香粉搅拌均匀；糯米提前用清水浸泡一夜，控水，与馅料拌匀。

②面粉加入适量的水揉成面团，醒 30 分钟，分成大小均匀的面团，再分别擀成中间厚、外围薄的面片，把外边压出褶皱，像荷叶边，中间放入馅料，用拇指和食指握住烧卖边，轻轻收一下。

③蒸锅注入水烧开，屉上抹上油，放入烧卖，大火蒸 10 分钟。

操作要领

蒸之前在烧麦表面喷水，蒸好的烧麦皮不会很干。

营养贴士

此烧卖具有提高机体免疫力、延缓衰老、通乳、防止动脉硬化等功效。

90

珍珠罗

TIME 100分钟

菜品特点
味道别致
香糯适口

视觉享受：★★★★
味觉享受：★★★★
操作难度：★★★

主料： 精面粉550克，猪肉500克，叉烧肉100克，水发香菇75克，水发玉兰片250克，糯米适量

配料： 葱花100克，绵白糖300克，味精、白胡椒粉各5克，湿淀粉50克，酱油125克，精盐15克，熟猪油300克

操作步骤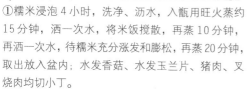

①糯米浸泡4小时，洗净、沥水，入甑用旺火蒸约15分钟，洒一次水，将米饭搅散，再蒸10分钟，再洒一次水，待糯米充分涨发和膨松，再蒸20分钟，取出放入盆内；水发香菇、水发玉兰片、猪肉、叉烧肉均切小丁。

②炒锅内加50克熟猪油，下猪肉丁、香菇丁、叉烧肉丁、玉兰片丁炒至七成熟，放酱油、精盐、味精、清水焖至熟透，倒入盛糯米饭的盆内，加200克熟猪油拌成馅料。

③面粉用水和匀揉透，摘成剂子，擀成薄圆皮，放

上馅料，将圆皮捏拢，使边沿成喇叭口，制成生坯，逐个排放在瓷盘中，入笼蒸约10分钟取出。

④炒锅内加50克熟猪油、绵白糖、葱花和清水，迅速用手勺推动，用湿淀粉勾成浓芡，撒入白胡椒粉，淋在珍珠罗上即可。

操作要领

入笼蒸时要用沸水、旺火速蒸，蒸至表面光滑不粘手。

营养贴士

玉兰片味甘、性平，可定喘消痰。

牛肉荞麦蒸饺

视觉享受：★★★
味觉享受：★★★★
操作难度：★★★

TIME 50 分钟

菜品特点
味道鲜美
营养健康

➡ **主料：** 荞麦面粉、牛肉、荸荠、熟肥肉各适量
↩ **配料：** 精盐、葱、白糖、酱油、胡椒粉、植物油各适量

🍳 操作步骤

①把荞麦面粉、精盐、100 克热水、100 克冷水混合在一起，揉搓成荞麦面团，再分成多个小面团，擀成饺子皮。

②牛肉去筋后剁烂；荸荠、熟肥肉、葱都切成小粒。

③牛肉中加入荸荠、葱粒、白糖、酱油、胡椒粉、植物油，搅拌起胶，再加入肥肉搅拌均匀，静置约30 分钟，制成肉馅。

④荞麦面皮中包入适量的馅，捏好封口，包成饺子。

⑤把包好的饺子放在抹过植物油的蒸笼中，用大火蒸 8 分钟，熟透即可。

👌 操作要领

荞麦面粉要用热水揉和。

☝ 营养贴士

此蒸饺具有增强解毒能力、扩张小血管、降低血液胆固醇、补中益气、强健筋骨、化痰息风等功效。

地瓜面蒸饺

观觉享受：★★★★
味觉享受：★★★★★
操作难度：★★

菜品特点
面软肉香
营养丰富

● **主料：** 猪肉500克，面粉300克，地瓜粉200克

● **配料：** 四季豆300克，水发木耳100克，葱末30克，姜末20克，酱油5克，精盐3克，味精2克，植物油30克

操作步骤

①猪肉切成丁，放油锅中加葱末、姜末、酱油炒熟；木耳择洗干净后切成末；四季豆用水煮过后切末，与肉丁、木耳末、精盐、味精、植物油搅匀成馅。

②面粉200克与地瓜粉200克用开水烫过和匀，醒60分钟，将面粉100克用凉水和匀，与烫面一起和匀，做成剂子，擀成皮，包上肉馅，捏上褶子成

蒸饺，入笼蒸熟即可。

操作要领

面粉与地瓜粉混合一定要用开水。

营养贴士

此蒸饺具有和血补中、宽肠通便、增强免疫功能、防癌抗癌、抗衰老、防止动脉硬化等功效。

荞麦窝头

TIME 2小时

菜品特点
营养丰富
原味颇具

主料: 苦荞麦粉 100 克, 面粉 100 克

配料: 酵母、泡打粉、炼乳各适量

视觉享受：★★★★
味觉享受：★★★★★
操作难度：★★★

操作步骤

①苦荞麦粉和面粉混合均匀，加入酵母和泡打粉，慢慢加入冷水，用筷子不停搅拌成面絮状，不停揉搓成光滑的面团，在温暖处醒发。

②发酵至 2 倍大时取出，排出面团里的空气，揉搓成长条，切成均匀的剂子，做成窝头生坯。

③冷水上锅，湿纱布垫在蒸锅上，放入窝头坯子，再醒发 20 分钟，大火蒸 15 分钟后关火，焖 3 分钟即可。上桌时搭配炼乳食用。

操作要领

这种荞麦馒头没有加糖，吃起来有点苦，因而需搭配炼乳食用。也可以考虑加糖或使用甜荞麦粉。

营养贴士

荞麦性平、味甘凉，归胃、大肠经，有健脾益气、开胃宽肠、消食化滞、除湿下气的功效。

四川**千层发面糕**

口感批享受：★★★★
延续享受：★★★★
操作难度：★★★

TIME 30 分钟

菜品特点
松软可口
清香味美

➡ **主料：** 面粉 200 克，玉米粉 150 克

👍 **配料：** 阿胶蜜枣少许，白糖、黄豆粉各 50 克，酵母 5 克，山楂片 2 片，青丝玫瑰适量

🔧 操作步骤

①所有粉类和酵母、白糖一起混合，加适量水，用筷子搅拌成面糊，面糊上放少许阿胶蜜枣，盖上保鲜膜，放在温暖处发酵。

②发酵到原来的 2 倍大时放入蒸锅的容器中，然后盖上保鲜膜进行二次发酵。

③大火烧开蒸锅中的水，待面糊再次发酵至 2 倍大时，将容器移入蒸锅，蒸 35 分钟左右出锅，放上山楂片，撒上青丝玫瑰即可。

💧 操作要领

面粉和玉米粉的比例可根据个人口感调整，只是玉米粉越多成品口感越粗糙，凉后越干硬扎实。

🥢 营养贴士

玉米粉具有降血压、降血脂、抗动脉硬化、预防肠癌、美容养颜、延缓衰老等多种保健功效。

 水晶南瓜饼

视觉享受：★★★★★
味觉享受：★★★★★
操作难度：★

 TIME 25分钟

菜品特点
外形美观
香甜软糯

➡ **主料：** 南瓜1个，糯米面适量
👌 **配料：** 白糖、豆沙馅各适量

🌀 操作步骤

①南瓜切块，入锅蒸熟后捣成泥，加入白糖、糯米面搅拌匀，揉成团。

②将面团揪成若干剂子，包入豆沙馅，放进模具中压扁，倒出；上锅蒸熟即可。

🥄 操作要领

南瓜要用蒸的，不要用水煮，否则会有很多水，影响后续操作。

👉 营养贴士

南瓜性温、味甘，具有润肺益气、化痰排脓、驱虫解毒、治咳止喘、疗肺痈与便秘、利尿、美容等功效。

烤出来的美味

叉烧酥

视觉享受：★★★★★
味觉享受：★★★★★
操作难度：★★

➡ **主料：** 面粉 450 克，叉烧肉 200 克

➡ **配料：** 鸡蛋 1 个，白砂糖 25 克，黄油 150 克，猪油 260 克，叉烧酱 200 克，白芝麻 15 克

操作步骤

①叉烧肉切成丁，加入叉烧酱拌匀，成为叉烧馅料；鸡蛋磕入碗中，取出 1/2 个蛋黄（刷表面用），其余打散成蛋液。

②将面粉 250 克、加蛋液、白砂糖与猪油 10 克混合，揉成水油面团；将剩余的面粉、猪油、黄油混合，揉成油酥面团。将和好的两块面团放入冰箱冷藏室冷藏 10 分钟。

③取出水油面团，用擀面杖擀成长方形面片，然后取出油酥面团，将油酥面团均匀地铺在水油面片上，将面片向中间折叠为 3 折，然后用擀面杖轻轻擀薄，再折叠为 3 折，再擀薄，然后切成 6 厘米长、

4 厘米宽的长方形面皮。

④取一张切好的面皮，包入适量叉烧馅，卷成长条形，两边压紧，依次将所有面皮都包成叉烧酥生坯，用毛刷刷上蛋黄，撒上白芝麻，放入烤盘中。将烤箱火力调至 200℃，预热后将烤盘移入烤箱，烤约 15 分钟即可。

操作要领

烤好的叉烧酥一定要趁热吃，凉了之后会有油腻感。

营养贴士

此点心具有补血益气、养阴补虚等功效。

口袋饼

菜品特点
操作简单
营养美味

➡ **主料：** 高筋面粉 580 克

➡ **配料：** 酵母粉 12 克，植物油、玉米粉各适量

视觉享受：★★★★
味觉享受：★★★★
操作难度：★★

操作步骤

①将高筋面粉加酵母粉和水揉成面团，揉到表面光滑，分割成每份 100 克大小的面团，滚圆，盖上保鲜膜醒 10 分钟。

②桌上撒上玉米粉，将面团擀开，在饼的表面涂上一层油，然后把单饼对折，去掉不规则的边角，从中间等分切开，切成两个正方形，每个正方形的边用筷子压实，放入烤箱，250℃下烘烤 10 分钟即可。

③口袋饼对半切开，填入喜欢的材料即可。

操作要领

也可以将正方形的边捏成花边。

营养贴士

植物油主要含有维生素 E、维生素 K 及钙、铁、磷、钾等矿物质，还有脂肪酸等。

桃酥

 TIME：40 分钟

 菜品特点
口感酥脆
营养丰富

→ **主料：** 低筋面粉 200 克

→ **配料：** 橄榄油 110 克，白糖 50 克，全蛋液 30 克，生核桃碎 60 克，泡打粉、小苏打各适量

视觉享受：★★★★★
味觉享受：★★★★★
操作难度：★

操作步骤

①将生核桃碎放置在铺了油纸的烤盘上，放入预热 180℃的烤箱中层，烤制 8~10 分钟。

②将橄榄油、全蛋液、白糖混合搅拌均匀，将低筋面粉、泡打粉、小苏打混合均匀过筛，放入其中，将烤过的核桃碎倒入面团中，翻拌均匀。

③取小块面团，揉成球按扁，放入烤盘，依次做好所有的桃酥，刷上蛋液，送入预热 180℃的烤箱中，烤 20 分钟左右至表面金黄即可。

操作要领

揉好的面团不能太干，必须是比较湿润的感觉，烤出来的桃酥才会够酥。如果揉好的面团较干，需要适量添加些植物油。

营养贴士

核桃仁味甘、性温，含有大量脂肪油、蛋白质、碳水化合物等，具有补肾助阳、补肺敛肺、润肠通便等功用。

油酥火烧

TIME 60 分钟

菜品特点
酥香可口
别具风味

- **主料：** 面粉 400 克
- **配料：** 豆油 60 克，酵母 3 克

视觉享受 ★★★
味觉享受 ★★★
操作难度 ★★

操作步骤

①面粉加水和酵母和成面团，醒发；把豆油烧热，倒入面粉做成油酥。

②醒好的面团擀成饼，把油酥涂在面饼上，卷成卷，面卷切成段，在小面卷表面涂点油，然后两端向内折，再把小面卷擀成饼胚，在饼的两面刷油。

③烤箱预热，中层烤 15~20 分左右。

操作要领

入烤箱前，饼的两面都要刷上油，增加酥脆口感。

营养贴士

该食品外部焦酥，内部松软，适合所有人群食用。

烤馒头

TIME 120 分钟

菜品特点
外焦内软

● **主料：** 精面粉 900 克
● **配料：** 酵面 100 克，碱粉适量（根据季节不同，制作者掌握）

视觉享受 ★★★
味觉享受 ★★★
操作难度 ★★

操作步骤

①将面粉加酵面和适量清水，揉合成面团，经发酵（发酵时间因季节、温度不定）至十成开，加适量碱粉，与面团揉匀，并使去掉酸后，掐成 10 个面坯，逐个揉搓成半圆形馒头生坯，饧 15 分钟。

②锅内水烧沸，将饧好的馒头生坯摆入笼屉内，旺火蒸 20 分成熟，取出晾凉。

③将凉馒头放烤盘内，入烤箱，将馒头烤至发棕黄色，取出即成。

操作要领

和面时水面比例约为 4：10；面团发酵要足，但不可发过；馒头生坯必须饧一段时间，这样可使蒸出的馒头膨松胀大。

营养贴士

经常吃一些烤馒头对胃非常有好处。

视觉享受：★★★★ 味觉享受：★★★★★ 操作难度：★

八宝油糕

TIME 60 分钟

菜品特点
外酥内软
芳香绵糯

主料： 鸡蛋、面粉、川白糖、蜂蜜各适量
配料： 花生油、蜜瓜片、桃仁、鲜玫瑰泥各适量

操作步骤

①将鸡蛋打入钵内，用手将蛋黄挤烂，再将川白糖、花生油、面粉、蜂蜜、鲜玫瑰泥投入钵内拌合均匀。
②将专用铜皮糕盒洗净、烘干，排入专用平锅中，并擦抹少量油。再将钵内拌好的坯料用调羹舀入盒内，其分量为糕盒体积的 1/2。然后撒上少许混合的碎桃仁、蜜瓜片。
③放入拗炉烘烤至糕体膨胀，糕面呈谷黄色时即可。

操作要领

用拗炉烘烤时，底火应略大于盖火

营养贴士

此糕点能量高，含有大量蛋白质、脂肪和碳水化合物，老少皆宜。

主料： 面粉 200 克
配料： 黄油 100 克，糖 30 克，鸡蛋 1 个，奶粉 20 克，瓜子仁适量

操作步骤

①黄油在室温软化，用打蛋器搅打至发白，加入砂糖，搅打均匀；另取一碗，打蛋，打至均匀。
②鸡蛋液分三次加入黄油中，每次都要充分搅拌均匀才可以再加下一次，否则容易油水分离，影响成品。
③面粉与奶粉混合过筛，筛好后加到黄油和蛋液的碗中，轻轻搅拌至面粉全部湿润。
④取出一小团面团，或揉或搓或捏成圆形，稍稍压扁，均匀地撒上瓜子仁，做好的饼干放入烤盘，上面刷上蛋液，放入预热好的烤箱 180 度，中层，约 20 分钟左右，取出放上装饰品，摆盘即可。

操作要领

加面粉的时候，不要过度搅拌，以免起筋。

营养贴士

葵花子含丰富的不饱和脂肪酸、优质蛋白、钾、磷、钙、镁、硒元素及维生素 E、维生素 B_1 等营养元素。

视觉享受：★★★ 味觉享受：★★★ 操作难度：★★

奶香瓜子饼

TIME 40 分钟

菜品特点
香甜美观

黄金大饼

TIME 60 分钟

菜品特点
绵软香甜
营养丰富

➡ **主料：** 面粉 300 克，鸡蛋 1 个

➡ **配料：** 切碎的鸡肉粒 450 克，干酵母 3 克，咖喱粉 4 克，葱花 25 克，橄榄油 25 克，精盐、细砂糖、白芝麻各适量，大蒜粒 15 克，姜末 10 克，胡椒粉 2 克

🍴 操作步骤

①把干酵母、细砂糖、精盐、鸡蛋倒入面粉中拌一拌，再倒入橄榄油拌匀。

②用 180 克温水把面和匀，面盆罩上保鲜膜进行基础发酵。

③炒锅上火注入橄榄油，下入蒜粒煸出香味儿，放入鸡肉粒煸炒，鸡肉变色下入葱花、姜末继续煸炒出香味儿，再放入咖喱粉煸炒出金黄色，然后用精盐、细砂糖、胡椒粉进行调味，炒匀后出锅晾凉备用。

④面团儿发好后放到案板上揉匀，然后再醒 15 分钟，用擀面杖擀开，呈圆形的面片。

⑤在面片上倒入馅料，用面片把馅料包起来，用手

按匀送入烤炉，在烤盘下放一盘热水，关好炉门以 30~40℃炉温进行最后的发酵。

⑥大饼发至近两倍大时取出，炉温可调到 170℃开始预热。调制一些糖水，用毛刷把糖水涂抹在面饼上，再撒些白芝麻。把大饼置入预热好的烤炉，上下火 170℃烘烤 20 分钟即可出炉。

🖐 操作要领

和面一定要用温水，忌用冷水和面。

👉 营养贴士

此饼营养丰富，非常适合儿童和老人食用。

烤馕

TIME 30 分钟

菜品特点

味道鲜美
营养丰富

 主料： 精面粉 500 克，嫩酵面 50 克

配料： 洋葱 200 克，羊肉 350 克，精盐 10 克，胡椒粉 5 克，味精 7 克，白芝麻少许

饮食享受 ★★★★
营养享受 ★★★
操作难度 ★★

操作步骤

①将精面粉倒入盆内，加嫩酵面、清水揉成面团，盖上湿布静醒 5~10 分钟。

②醒好的面分成 3 份揉成圆形，盖上湿布略醒一会儿。

③洋葱洗净切丁，羊肉切丁，一起放入盆内，加精盐、清水，放入味精、胡椒粉拌匀成馅。

④醒好的面团擀成长圆形，上面抹一层馅，从一端卷成卷，再从两端折叠成圆形按扁，略醒后从中间砸成内低外稍高的窝状，再抻拉成直径约 15 厘米

的圆饼，沾上芝麻放入烤盘内，用 280 度的炉温烤 12~15 分钟，待呈金黄色时即可出炉。

操作要领

烤制时以烤至金黄色为宜，不要烤焦煳。

营养贴士

羊肉肉质细嫩，容易被消化，同时羊肉还可以增加消化酶，保护胃壁和肠道，从而有助于食物的消化。

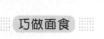

黄金红薯球

TIME 40分钟

菜品特点
色泽金黄
味道极佳

主料: 红薯 500 克,澄面 100 克,淀粉 50 克
配料: 白糖、炼乳、番茄酱各适量

视觉享受: ★★★★
味觉享受: ★★★★
操作难度: ★

操作步骤

①红薯洗净,上蒸锅蒸熟,去皮,用擀面杖捣烂成泥,盖保鲜膜,放入微波炉高火 2 分钟,趁热加入澄面、淀粉、白糖和炼乳,趁热用擀面杖将其搅拌成团,晾凉后搓成小球形。

②烤盘铺油纸,将其码入,烤箱预热到 200℃,烤 5 分钟,转 180℃烤 15 分钟,取出滴上番茄酱即可。

操作要领

因为淀粉需要烫才能有黏性,所以需要将红薯泥微波加热。

 **营养贴士**

红薯具有抗癌、通便减肥、提高免疫力、抗衰老等功效。

榴莲酥饼

视觉享受：★★★★
味觉享受：★★★★
操作难度：★★

菜品特点
味道酥特
操作简单

主料： 低筋面粉 200 克，榴莲馅 100 克

配料： 砂糖、蛋黄液、白芝麻各少许，黄油、花生油各适量

操作步骤

①取一部分低筋面粉加入黄油、花生油和成油面，醒 15 分钟，擀成面皮；取剩余的低筋面粉加入砂糖、黄油、花生油、水和成水油面，面醒 15 分钟，擀成面皮；用水油皮包上油皮，擀成大片；一头卷起，卷成卷后切成小块。

②将小面团用手按扁，包入榴莲馅，入烤盘，上边刷上蛋黄液撒上白芝麻，放入烤箱，调到 180 度烤 20 分钟即可。

操作要领

和油面的时候，黄油和花生油的比例是 2：1。

营养贴士

榴莲有促进肠蠕动的功效。

核桃枣泥蛋糕

TIME 45分钟

菜品特点

枣香浓郁
口感细腻

- **主料:** 鸡蛋4个,低筋面粉120克,枣泥162克,核桃碎适量
- **配料:** 植物油80克,白糖70克

视觉享受:★★★★
味觉享受:★★★★★
操作难度:★★

操作步骤

①将热水、植物油、枣泥混合,用搅拌机打成糊。
②鸡蛋加糖打发,将过筛3次的低筋面粉分次撒入,用蛋抽拌和成蛋糊。
③分2次将部分蛋糊舀到枣泥糊里混合,再全部倒入蛋糊里,加入核桃碎用刮刀快速拌匀,倒入模型中,放入烤箱,175℃烤35分钟即可。

操作要领

枣泥可自制,枣子蒸熟后去皮、去核,捣烂制成泥状物即可。

营养贴士

此蛋糕具有安神、补脾胃、辅助降血脂、健胃、补血、润肺、养神等功效。

糖盐烧饼

TIME 35分钟

菜品特点
色泽金黄
香甜酥脆

视觉享受：★★★★
味觉享受：★★★★★
操作难度：★★★

主料： 精面粉 800 克

配料： 酵面 150 克，绵白糖 750 克，精盐、五香粉各 15 克，食碱 10 克，菜籽油 100 克

操作步骤

①将绵白糖放在案板上，加入精盐、五香粉和清水，再放入 150 克面粉拌匀，即成糖馅料。

②剩余的面粉置案板上，加入酵面和食碱拌和，再加入温水揉匀成团，放入盆内，添沸水盖过面团，静置 10 分钟后滗去水，取出置案板上揉透，盖上湿布醒 30 分钟。

③面醒好后，搓成长条，揪成剂子，逐个用擀面杖擀成一端约 6.6 厘米宽、一端约 5 厘米宽、33 厘米长的梯形面皮，薄刷一层菜籽油，在面皮宽的一端中间放上 15 克糖馅，将前面的面皮向内覆卷，盖在馅料上，折口处压紧，再刷一层菜籽油，从大的一端朝另一端卷起成筒，竖放在案板上，用手轻轻压成直径约 10 厘米的圆饼生坯，放在烤盘内，入炉烘烤熟即成。

操作要领

糖馅要用手反复搓擦，搓至用手抓捏成团、放下散开为宜。

营养贴士

白糖有润肺生津、止咳、和中益肺、舒缓肝气、滋阴、调味等功效。

豆渣香酥饼

菜品特点
清香可口
营养丰富

主料： 豆渣 400 克，面粉 250 克

配料： 食用油 50 克，白糖 45 克，鸡蛋 2 个，奶粉 15 克，苏打粉 3 克，泡打粉、黑芝麻各适量

视觉享受：★ ★ ★ ★ ★
味觉享受：★ ★ ★ ★ ★
操作难度：★

操作步骤

①豆渣放入干净的盆内，放入鸡蛋、白糖、食用油、奶粉，其他粉类混合过筛也一起放入盆内拌匀成面糊。

②烤箱预热到 200℃，将面糊用勺子在油纸上摊成拳头大的小饼，在小饼上撒适量黑芝麻，放入烤箱，烤 25 分钟左右即可。

操作要领

小饼注意大小、薄厚的匀称，否则会受热不均。

营养贴士

豆渣能降低血液中胆固醇含量，减少糖尿病病人对胰岛素的消耗。

TIME 60 分钟

菜品特点

松软香甜

椰蓉蛋卷

➡ **主料：** 低筋面粉 75 克

➡ **配料：** 黄油 50 克，白砂糖 40 克，鸡蛋 2 个，蜂蜜 15 克，椰蓉 50 克

椰蓉享受：★★★★
蜂蜜享受：★★★★★
操作难度：★★

操作步骤

①黄油半融化状态用打蛋器打一下；分次加入两个蛋黄打匀；筛入面粉、加入蜂蜜轻拌。

②两个蛋白加白糖打发后，加入到面粉糊中拌匀，倒入模具中，烤箱预热，180度烤25分钟左右，取出、切块裹上椰蓉即可。

操作要领

做蛋糕要用低筋面粉，才会让蛋糕更松软。

营养贴士

椰蓉有驻颜美容、利尿消肿的功效。

TIME 90 分钟

菜品特点
松软清香
美味可口

竹炭面包

➡ **主料：** 高筋粉 200 克，低筋粉 60 克，奶粉 20 克，牛奶 90 克

➡ **配料：** 黄油 25 克，全蛋液 30 克，盐、竹炭粉各适量，糖 45 克，酵母 5 克

视能享受：★★★★
味觉享受：★★★★
操作难度：★

操作步骤

①所有除黄油、鸡蛋液以外的料，以先湿后干的顺序放入面包机，拌成团后加入黄油至扩展阶段；面团发酵至 2 倍大，用手按压不反弹不回缩，即初次发酵完成；排气后分割成 8 等份，滚圆，盖保鲜膜醒 15 分钟。

②醒好的面团用手拍扁后擀开，包入馅料，收口朝下，滚圆；表面刷蛋液，烤箱内放一杯开水，以 40 度最后发酵至 2 倍大，一般 45 分钟左右。烤箱预热 180

度，放中层烘烤 25 分钟，取出切片即可。

操作要领

烤制的时候要注意时间，不要烤制太久。

营养贴士

竹炭在天然的环境中，吸收了大量的钾、钠、钙、镁等可溶于水的矿物质（微量元素）。

★ ★ ★ ★ ★

炸出来的美味

★ ★ ★ ★ ★

三丝春卷

菜品特点
色泽美观
酥脆上口

● **主料：** 饺子皮、鸡蛋、绿豆芽、韭菜各适量
● **配料：** 水淀粉、盐、粉条、植物油各适量

视觉享受：★★★★★
味觉享受：★★★★★
操作难度：★

操作步骤

①将绿豆芽掐头去尾洗净；粉条温水浸泡至软捞出切碎；韭菜择洗干净切碎；鸡蛋打散摊成蛋皮切碎；将所有菜放入锅中加少许盐略炒，盛出待冷却备用。

②将饺子皮擀成薄片，放上炒好的馅料，先卷起一边，再将两边向中间折起，卷向另一边形成长扁圆形的小包，用水淀粉收口，包成春卷，码入盘中。

③锅置火上植物油烧至七成热，转中火将包好的春卷逐一放入，炸至表面呈金黄色捞出，沥油装盘。

操作要领

炸的火候要掌握好，不要用大火，以免炸焦。

营养贴士

春卷有迎春之意，是春节宴席上不可少的佳肴。

悠馓

菜品特点
粗细匀均
香脆爽口

主料： 精面粉 500 克

配料： 精盐 10 克，菜籽油 1500 克（约耗 150 克），黑芝麻少许

视觉享受：★★★★
味觉享受：★★★★
操作难度：★★★

操作步骤

①将精面粉倒在案板上，碗内加精盐、清水溶化，倒入面粉中和匀揉透，在面团上薄刷一层菜籽油，搓成拇指粗的圆条，分层盘叠在盆内，盘完后，倒在案板上，搓成筷子粗的圆条，同样盘叠在盆内，盖上湿布醒 20 分钟。

②左手四指并拢，掌心朝内，将醒好的圆条一端放左手食指上侧，用拇指压住，右手将圆条在左手四指上由外向内绕 7 圈掐断，将断头同样用左手拇指压住；左手拇指和食指捏住整个面圈，松出另外三指，右手四指再伸入圈内，两手自然放松，上下一紧一松地将面圈抽至约 20 厘米长，然后改由另一人双手各执一根竹筷撑住面圈。

③锅内加菜籽油，烧至八成热，面圈上撒少许黑芝麻，入锅炸至面圈稍硬后，左手筷子挑住面圈轻轻朝外一扭，使面圈扭成一个"U"形，抽出筷子，迅速拨动翻炸至金黄色，捞出沥油即可。

操作要领

圆条盘叠在盆内时，盘一层刷一次油，以防相互粘连。

营养贴士

面粉性凉、味甘，有养心益肾、健脾厚肠等功效。

素炸响铃

TIME 25分钟

菜品特点
外酥里嫩
色泽金黄

➡ 主料: 黄豆100克, 面粉100克, 黄豆芽50克, 胡萝卜30克, 香菇30克, 冬笋20克, 韭菜15克

➡ 配料: 植物油、盐、蚝油、砂糖、生抽、淀粉各适量

视觉享受: ★★★★
味觉享受: ★★★
操作难度: ★★

🍳 操作步骤

①黄豆制成稠豆浆,凉后与面粉和成稀面糊;黄豆芽掐去两头洗净待用;胡萝卜、香菇、冬笋均切丝;韭菜洗净切段。

②平底锅微火烧热,用纸巾薄涂层油,倒入面糊,摊成一个圆饼皮。

③另起锅放植物油烧热,放入黄豆芽、香菇丝、冬笋丝、韭菜段烹炒,加蚝油、砂糖、生抽、盐调味,炒匀,最后勾薄芡出锅,待凉。

④将炒好的馅料裹入黄豆皮内,包成三角形,入油锅炸成金黄色捞出沥油,装盘即可。

⚡ 操作要领

豆皮卷一定要将开口封牢以免炸时入油,影响成菜口感。

👉 营养贴士

豆皮中含有丰富的优质蛋白、软磷脂和多种矿物质,营养价值较高。

红薯玫瑰糕

TIME 40分钟

菜品特点
鲜甜可口
玫瑰清香

➡ **主料:** 红薯500克,小麦面粉300克
➡ **配料:** 花生油150克,玫瑰花糖适量

视觉享受 ★★★
味觉享受 ★★★
操作难度 ★★

🌿 操作步骤

①将红薯洗净,蒸熟,去皮压成茸。
②将250克面粉用适量沸水做成面疙瘩,晾凉,放入干面粉50克揉匀;红薯茸和湿面团一起和匀,做小面剂子。
③在每个面剂子中放入玫瑰糖,包成圆球形,再按扁成扁圆形糕坯。
④锅内倒入花生油,烧至六成热,放入糕坯,边炸

边翻,炸至糕坯鼓起、色呈淡黄时,即可食用。

🌿 操作要领

做面疙瘩时,应边冲水边搅匀,直至湿透成面疙瘩。

👉 营养贴士

红薯味道甜美、营养丰富,又易于消化,可供大量热能,可以把它作为主食食用。

117

炸小馒头

TIME 15分钟

菜品特点
色泽金黄
口感香脆

● **主料：** 小馒头6个
● **配料：** 色拉油适量

视觉享受：★★★★
味觉享受：★★★★
操作难度：★

操作步骤

①将小馒头切3刀，切成馒头花，不要切断。
②热锅，倒入色拉油烧至八成热，将小馒头放入油锅，开小火持续翻动馒头，以小火持续炸至馒头表面金黄即可。

操作要领

入油锅炸的馒头不限任何口味，但为了表面颜色好看，建议使用白色或黄色的小馒头，炸出来的颜色才会好看。

营养贴士

馒头有利于保护胃肠道，胃酸过多、胀肚、清化不良而致腹泻的人吃馒头，会感到舒服并减轻症状。

视觉享受：★★★★★ 味觉享受：★★★★★ 操作难度：★★

豆沙锅饼

TIME 30分钟

菜品特点
表面金黄
外糯里甜

🔵 **主料：** 面粉100克，豆沙馅100克
🔵 **配料：** 牛奶150克，鸡蛋1个，油、精盐、玉米油各适量

🔄 操作步骤

①面粉、精盐和鸡蛋搅拌均匀，分次加入牛奶拌成没有颗粒的面糊，最后加一点玉米油拌匀。
②平底锅烧热，锅底扫一点点油，把面糊分次倒入，晃动平底锅使面糊摊匀，一面凝固后快速翻面，煎成一张薄饼后取出。在煎熟的饼皮中央铺上豆沙馅，一边折起，封口用面糊封好。
③平底锅内放3大勺油烧热，把包好的豆沙饼放入，炸至两面金黄即可盛出。

🔵 操作要领 ◄◄◄

也可以将饼皮包上豆沙馅后，折叠成长方形。

👉 营养贴士

红豆富含维生素B₁、维生素B₂、蛋白质及多种矿物质，有补血、利尿、消肿、促进心脏活化等功效。

🔵 **主料：** 小麦面粉200克，韭菜50克
🔵 **配料：** 鸡蛋1个，食盐、鸡精各3克，十三香5克，植物油适量

🔄 操作步骤

①用磨碎机将韭菜磨碎，打入鸡蛋，加入食盐、十三香和鸡精，倒入面粉搅拌成馅；用手抓一把丸子馅，从虎口处挤出丸子。
②锅倒油烧热至九成热，放入挤出的丸子，炸至丸子金黄，出锅沥油即可。

🔵 操作要领 ◄◄◄

蔬菜易熟，炸的时间不宜太久，稍微泛黄，即可捞出。

👉 营养贴士

韭菜有补肾益阳、温肝健胃的功效。

视觉享受：★★★★ 味觉享受：★★★★ 操作难度：★★

炸韭菜丸子

TIME 15分钟

菜品特点
色泽鲜艳
操作简单

糖酥麻花

TIME 30分钟

菜品特点
色泽金黄
松酥香脆

● **主料:** 面粉 500 克

● **配料:** 酵面 50 克,鸡蛋 1 个,绵白糖 100 克,苏打粉 5 克,菜籽油 1500 克(约耗 150 克),小茴香、芝麻各少许

视觉享受 ★★★★
味觉享受 ★★★★
操作难度 ★★

操作步骤

①将鸡蛋磕入盆内搅散,小茴香焙焦碾碎,与绵白糖、苏打粉、酵面、面粉一起倒入鸡蛋液中,加200 克清水和匀揉光,盖上湿布醒 10 分钟,然后将面团擀成约 10 厘米宽、1 厘米厚的面皮,切成1 厘米见方的条。

②案板上抹一层菜籽油,取一条面用双手搓成粗细均匀的约 83 厘米长的条,然后用双掌搓紧,对折后自然扭成麻绳状,裹上少许芝麻。

③锅内加菜籽油,烧至七成热,将麻花入锅,炸至金黄色时,用漏勺捞出,沥去油即成。

操作要领

油炸时油温不宜过高,以免外焦里生。

营养贴士

鸡蛋具有健脑益智、保护肝脏、防止动脉硬化等功效;白糖有润肺生津、止咳、和中益肺、舒缓肝气、滋阴、调味等功效。

炸香蕉球

TIME 35分钟

菜品特点
香甜爽口
制作简便

- **主料：** 面粉、面包糠各50克，香蕉100克
- **配料：** 精盐1克，糖3克，植物油、蛋清各适量

观赏享受：★★★★
味觉享受：★★★★
操作难度：★

操作步骤

①香蕉剥皮，捣成泥，加精盐、糖搅拌均匀后，捏成球形。

②碗中加蛋清，加面粉、水调成蛋浆，把准备好的香蕉球在碗中裹一层蛋浆，再挂上一层面包糠。

③锅置火上，倒入油，烧至五成熟，放入香蕉球，炸至变色即可。

操作要领

香蕉要选择熟透的，这样做出的口感更好。

营养贴士

香蕉可生津止渴、润肺滑肠，适合温热病、口烦渴、大便秘结、痔疮出血者经常食用。

板栗夹心糕饼

菜品特点
色泽金黄
口感松佳

○ **主料:** 低筋面粉 120 克，熟板栗 200 克
○ **配料:** 色拉油 15 克，白糖 70 克，鸡蛋液 30 克

视觉享受: ★★★★
味觉享受: ★★★★
操作难度: ★★

操作步骤

①熟板栗加白糖，加少许水搅拌打磨成馅；低筋面粉加 10 克鸡蛋液、色拉油、水、白糖，揉成面团。

②将面团擀成 0.3 厘米左右厚的饼皮，用圆形模具取小圆剂，将小圆饼放入烤盘，上面用叉子叉上小孔，放入烤箱中层，180℃烤制 10 分钟左右，取出放凉。

③取一个小圆饼，放上满满的馅，再盖另一个小圆饼，右手轻压两片小圆饼，左手虎口握着旋转，做出来的馅料大概 1 厘米左右厚，然后放入蛋液中滚一圈。

④锅中放色拉油烧热，放入裹满蛋液的夹心饼，中火炸至两面黄金，捞起控油即可。

操作要领

面粉中加入蛋液，可以使面质更加柔软细腻，还可以使口感更好。

营养贴士

板栗具有补脾健胃、补肾强筋、活血止血等功效，对肾虚有良好的疗效。

炸鲜奶

视觉享受：★★★★
味觉享受：★★★★
操作难度：★★

菜品特点
奶味浓郁

主料： 牛奶 250 克，低筋面粉 100 克

配料： 泡打粉 3 克，白糖 35 克，玉米淀粉 30 克，炼乳、色拉油各适量

操作步骤

①牛奶中加入白糖、淀粉、炼乳搅拌均匀，倒入锅中，小火加热，用铲子搅拌成黏稠的糊状，感觉奶糊具有一定硬度时即可关火，将奶糊装进容器内，放入冰箱冷冻 60 分钟。

②取出凝固的奶糕切成小块，面粉中加入泡打粉搅拌均匀，分次加水，搅拌成无疙瘩的黏稠糊状。

③油锅烧至六七成热转小火，将奶糕放入糊中均匀蘸一层，放入油中慢炸至外皮酥脆即可。

操作要领

加热奶糊时，小火慢慢搅拌，以免奶糊粘锅。

营养贴士

牛奶中富含蛋白质，有镇定安神、美容养颜的功效。

123

如意韭菜卷

TIME 45分钟

菜品特点
造型美观
美味可口

⊙ **主料：** 面粉、韭菜各适量

☞ **配料：** 平菇、葱、姜、蒜、盐、植物油各适量

视觉享受：★★★★★
味觉享受：★★★★
操作难度：★★

🔁 操作步骤

①面粉、水、盐混合均匀，和成光滑的面团，醒30分钟，擀成面皮；韭菜、平菇、葱、姜、蒜切末。

②锅中倒油烧热，放入葱、姜、蒜炒香，放入韭菜、平菇炒熟，盛在碗里当馅。

③将面皮铺在桌上，放上韭菜馅，顺一个方向卷起。

④锅倒油烧热，放入韭菜卷炸至金黄后捞出，斜切成块装盘即可。

🌶 操作要领

面皮擀薄一点，因为韭菜馅是熟的，所以不宜炸太久，而面皮太厚的话，一小会儿炸不熟。

👉 营养贴士

韭菜可补肾助阳，温中开胃。

鸡蛋球

TIME 30 分钟

菜品特点
松软细腻
香甜可口

糖瘾享受 ★★★★★
环境享受 ★★★★★
操作进度 ★★

主料： 精面粉 500 克，鸡蛋 15 个

配料： 绵白糖 650 克，饴糖 200 克，苏打粉 7.5 克，熟猪油 10 克，菜籽油适量

操作步骤

①炒锅内加清水烧沸，放入面粉和熟猪油，边煮边搅拌，熟后离火，晾至 80 度，磕入鸡蛋，加入苏打粉揉匀。

②炒锅加菜籽油，烧至三成热，将揉好的鸡蛋面用左手抓捏，使面团从手的虎口处挤出呈圆球状（直径约 26.5 毫米），再用右手逐个刮入锅内，炸至全部浮起后，提高油温炸透，待蛋球外壳黄硬时，用漏勺捞出沥油。

③炒锅内加清水烧沸，加入饴糖、绵白糖 150 克，

推动手锅使之溶化，离火稍冷却，将鸡蛋球逐个入锅挂满糖汁，再在绵白糖碗内裹上白糖即可。

操作要领

鸡蛋球刚入锅炸制时，动作要迅速，油温要低。

营养贴士

本品具有滋阴润燥、养心安神、养血安胎、延年益寿、健脾厚肠、除热止渴的功效。

 红茶甜甜圈

TIME 20分钟

菜品特点
茶香浓郁
酥脆爽口

> **主料：** 低筋面粉 460 克，红茶茶汁 140 克

> **配料：** 泡打粉 20 克，奶粉 30 克，白油 40 克，糖粉 60 克，盐 5 克，鸡蛋 20 克，红茶茶渣 1 包，植物油适量

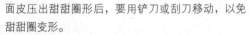
视觉享受：★★★★
味觉享受：★★★★
操作难度：★★

操作步骤

①盆中放白油、糖粉、盐混合均匀，将打散的鸡蛋加入盆中拌匀后，加入茶汁拌匀。

②低筋面粉、泡打粉、奶粉混合过筛搅匀，加入步骤①的盆中，加入茶渣搅匀，静置醒面 10 分钟；擀成厚约 1 厘米的片，用模型压出甜甜圈面皮。

③锅中放植物油烧热，入甜甜圈炸 1 分钟捞起即可。

操作要领

面皮压出甜甜圈形后，要用铲刀或刮刀移动，以免甜甜圈变形。

营养贴士

红茶有提神醒脑、振奋精神的功效。

炸培根芝士条

菜品特点
满口酥爽

营养学分 ★★★★★
味觉享受 ★★★★★
操作难度：★★

主料： 面粉 300 克

配料： 培根 30 克，芝士 10 克，酵母 2 克，鸡蛋 2 个，芝麻、植物油各适量

操作步骤

①鸡蛋打散；面粉加水、酵母揉搓成面团，静置醒面；培根、芝士切丁混合；取出醒好的面，揉搓成长条，制成剂子，擀平，包入培根、芝士，揉搓成长条状，涂满蛋液，裹上芝麻。

②油锅烧热，放入培根芝士条炸至色泽金黄即可。

操作要领

包馅时，可以戴上一次性手套，这样便于操作。

营养贴士

培根有开胃祛寒、消食的功效。

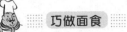

云南春卷

TIME 50分钟

菜品特点
外脆内嫩
烤型适中

视觉享受：★★★★
味觉享受：★★★★
操作难度：★★

> **主料：** 面粉 150 克，淀粉 100 克，鲜猪肉末 200 克

> **配料：** 精盐 14 克，味精、胡椒粉各 5 克，香椿、豆芽、韭菜各 80 克，鸡蛋 3 个，酱油 20 克，水发金钩、玉兰片、冬菇末各 20 克，火腿末 30 克，肥膘、油各适量

 **操作步骤**

①将肉末、金钩、玉兰片、火腿末、冬菇末入锅煸香，下酱油、精盐、味精、胡椒粉调匀成馅料，豆芽、韭菜、香椿经沸水焯后切碎，拌入馅料中。

②将面粉、鸡蛋、淀粉及少许精盐用水调均匀成浆糊状；锅上火，烘热，用肥膘抹匀，倒入浆糊摊成圆形，微火烤熟，撕下，从圆心处均分 6 块呈扇形，包入馅心，裹成长 6 厘米、宽 3 厘米的长方卷。

③锅中放油烧至七成热，下春卷炸成金黄色，捞出控干油，即可上桌。

 操作要领

皮坯摊制要薄。

营养贴士

本品具有养心益肾、滋阴润燥、温中开胃等功效。

龙头酥

TIME 40分钟

菜品特点
松润酥鹏
色泽金黄

🔶 **主料：** 面粉 500 克
🔶 **配料：** 鸡蛋 3 个，苏打粉 5 克，白糖 100 克，菜籽油 150 克

视觉享受：★★★★
味觉享受：★★★
操作难度：★★★

🔁 操作步骤

①将鸡蛋磕入盆内搅散，加入适量白糖、苏打粉和清水，再倒入面粉和匀揉光成面团，搓成条，擀成约 1 厘米厚的面皮，用刀切成约 14 厘米长、4 厘米宽的小片。小片对折，在折口处用刀按半厘米的距离均匀地切 3 条长 3 厘米的口子，再将皮子打开，将一端从中间切口处翻花扯抻，用手心略压，即成龙头酥坯。

②锅内加菜籽油，烧至六成热时，将龙头酥坯五个

一批入锅翻炸，炸至两面金黄色时，捞出去油即成。

🔷 操作要领

面团要揉匀醒透，揉至表面光滑为宜。

👉 营养贴士

面粉有除热、止燥渴咽干、利小便、养肝气的功效。

水晶球

➡ **主料**：豆粉50克，面粉7.5克

➡ **配料**：猪板油250克，玫瑰、蜜樱桃各25克，白糖300克，菜油500克（耗75克），鸡蛋清适量，食用红色素少许

> 视觉享受：★★★★
> 旺堂享受：★★★★
> 操作难度：★★

操作步骤

①将猪板油去筋、去膜皮，用刀背捶成茸；蜜樱桃切细丝，加白糖、玫瑰和猪油茸拌成馅儿，拌好后分成若干份；鸡蛋清打成蛋泡，将面粉、豆粉碾细过筛，慢慢加到蛋泡内拌匀。

②锅置火上，放入菜油，旺火烧至五成热，用筷子拈起甜馅，在蛋泡内裹好，一个一个放入油锅内，边炸边用勺子翻动，炸至外面酥脆、里面糖溶化，即用勺子捞起上盘。

③将白糖100克用食用红色素兑成胭脂糖，撒在炸后的水晶球上面即可。

♨ 操作要领

用勺子翻动的目的是保持原状，等火大时可将锅移开。

☞ 营养贴士

鸡蛋具有补肺养血、滋阴润燥等功效。

巧做 面食

★ ★ ★ ★ ★

煎出来的
美味

★ ★ ★ ★ ★

葱香鸡蛋软饼

- **主料：**鸡蛋 1 个，面粉 200 克
- **配料：**葱花、精盐、植物油各适量

视觉享受：★★★
味觉享受：★★★
操作难度：★

🍳 操作步骤

①在面粉中打一个鸡蛋，根据口味放入适量精盐，拌匀，再慢慢加入适量水，使面成为流动的糊状，放入葱花，搅匀备用。

②平底锅中倒入少许植物油，倒入适量面糊摊成薄饼，两面煎黄后出锅。

🥄 操作要领

面糊不要和得太稠，要不然摊饼的时候比较困难。

☞ 营养贴士

葱有解热、祛痰、促进消化吸收、抗菌、抗病毒等功效，常吃葱对人的身体有益。

虾仁水煎包

菜品特点
营养丰富
味道极佳

➡ **主料：** 中筋面粉 300 克，猪肉 350 克，虾仁 80 克，韭菜 130 克

➡ **配料：** 酵母 3 克，老抽、香油各 10 克，精盐、黑胡椒各适量

硬度享受：★★★★★
味觉享受：★★★★★
操作难度：★★

🍴 操作步骤

①韭菜洗净切成末；猪肉剁成肉末，与虾仁混合，加入老抽、精盐、黑胡椒等调味，用手抓匀。

②面粉中加入酵母和水，揉到面团表面光滑，发酵至原来的 2 倍大，取出再次揉匀，在案板上撒适量面粉防粘，把面团搓成长条形，平均切割成面剂，擀成圆形，包适量馅儿包好，包子放一边醒 30 分钟。

③平底锅倒入油，包子整齐排入，开中火煎出煎包底皮，15 克面粉加 250 克水兑开成面粉水，慢慢

倒入煎锅中，盖上锅盖，中火慢煎至水全蒸发即可。

🥄 操作要领

面团发酵好后再揉匀，是为了排除发酵产生的气。

👉 营养贴士

该水煎包有补虚强身、滋阴润燥、丰肌泽肤、温中开胃、行气活血、补肾助阳、散瘀、通乳等功效。

TIME 15分钟

菜品特点
香口菜脯
风味绝佳

菜脯煎鸡蛋饼

主料： 菜脯50克，鸡蛋3个，面粉少许

配料： 虾皮20克，韭菜少许，油适量

视觉享受：★★★★★
味觉享受：★★★★★
操作难度：★

🥢 操作步骤

①菜脯用清水冲净，切成细丁；虾皮用清水泡发，挤干水备用；韭菜洗净去根，切成细末；鸡蛋打入面粉中，调成蛋液。

②取一平底锅，放油烧热，倒入虾皮以中小火炒2分钟，至呈微黄色，捞起沥干油。

③倒入菜脯丁，以中小火炒干其水分，捞出后与虾米、韭菜末一同放入蛋液中拌匀。

④将面糊倒入锅中，以小火煎至底部凝固，翻面续

煎15秒捞出，用厨房纸吸干菜脯煎蛋饼上的余油即可。

🔪 操作要领

菜脯本身有咸味，因此不用再往蛋液中加盐。

👉 营养贴士

此饼具有补肺养血、滋阴润燥等功效，对于气血不足、热病烦渴具有食疗效果。

槐花鸡蛋饼

TIME 15分钟

菜品特点
香气宜人
口感绵软

● **主料:** 槐花 200 克,面粉 100 克,鸡蛋 3 个
● **配料:** 食盐 5 克,鸡精 3 克,虾仁、葱花、姜末、植物油各适量

视觉享受:★★★
味觉享受:★★★
操作难度:★

操作步骤

①槐花洗净,控干水分;虾仁洗净,切成小块。
②槐花、虾仁放入碗中,加入面粉、鸡蛋、葱花、姜末、鸡精、食盐搅拌均匀。
③锅内倒入适量植物油,锅热后下入面糊摊平,两面煎至金黄盛出,晾凉后切成小块,摆盘即可。

操作要领

面粉量不要太多,只用鸡蛋液调匀即可,不需要放水。

营养贴士

槐花能增强毛细血管的抵抗力,减少血管通透性,可使脆性血管恢复弹性的功能,从而降血脂和防止血管硬化。

TIME 30分钟

菜品特点
鲜香多汁
外酥里嫩

猪肉生煎包

● **主料：** 面粉500克，猪肉馅150克

● **配料：** 植物油、骨头汤、葱末、姜末、精盐、胡椒粉、味精、白糖、酱油、料酒、香油、泡打粉各适量

视觉享受：★★★★★
味觉享受：★★★★★
操作难度：★★

操作步骤

①面粉加泡打粉和水揉成面团，醒发备用。

②猪肉馅中加入姜末、胡椒粉、酱油、精盐、味精、白糖、骨头汤、料酒、香油搅拌均匀，最后加入葱末拌匀备用。

③面团取出揪成等量剂，包馅制成包子，表面抹一点水，待煎锅中的植物油烧至六成热时放入，底部煎至微黄翻转过来，两面都微黄后，冲入热水，没过包子的1/3，加盖焖3分钟即可。

操作要领

生煎包的烹饪方法就是用半煎半蒸的方式使包子变熟，在煎包子时淋水就是利用水汽加快熟的速度，并确保熟透。

营养贴士

该生煎包具有滋阴润燥、除热止渴、发汗解表、润肺生津等功效。

韭菜煎饼

视觉享受：★★★★★ 味觉享受：★★★★★ 操作难度：★

TIME 15分钟

菜品特点
色香诱人
快速简便

主料： 韭菜150克，白面粉、鸡蛋各100克，食盐3克

配料： 植物油80克，酱油30克

操作步骤

①将韭菜去死叶洗净，切末；鸡蛋磕在碗里，搅匀。

②在韭菜里加入食盐、鸡蛋、酱油、白面粉以及适量水，拌匀制成面糊。

③在平锅里倒入植物油，用中火烤热，放入韭菜面糊摊成圆薄饼，煎至变色即成。

操作要领 ◀◀◀

韭菜应摘去顶部和底部的死叶。

营养贴士

韭菜具有保暖、健胃的功效，其所含的粗纤维可促进肠蠕动，能帮助人体消化。

主料： 菠菜、面粉各500克，鸡蛋200克，牛奶1000克

配料： 植物油200克，砂糖50克，豆蔻粉、精盐、枸杞各适量

操作步骤

①将枸杞泡发备用；打鸡蛋，拌匀鸡蛋液备用；将菠菜洗净放入沸水内烫熟，捞出控干切末，加入砂糖、鸡蛋液拌匀，把精盐、面粉、豆蔻粉、牛奶放到器皿内调拌均匀，倒入菠菜末、枸杞，调匀成菠菜糊备用。

②把煎锅烧热，倒入植物油，油热后放入菠菜糊摊成薄圆饼，煎至两面金黄色即成。

操作要领 ◀◀◀

菠菜煎饼在制作的时候要注意厚度均匀。

营养贴士

菠菜含有蛋白质、脂肪、碳水化合物、粗纤维、钙、磷、铁、胡萝卜素、核黄素等，它不仅是营养价值极高的蔬菜，也是护眼佳品。

菠菜煎饼

视觉享受：★★★ 味觉享受：★★★ 操作难度：★

TIME 15分钟

菜品特点
香甜可口
简单好做

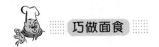

TIME 60分钟

菜品特点
又软又能
美味可口

爱尔兰土豆饼

○ **主料:** 土豆250克,鸡蛋1个,面粉50克
○ **配料:** 葱末15克,植物油100克,盐、胡椒面各适量,黄油少许

视觉享受: ★★★
味觉享受: ★★★
操作难度: ★★

操作步骤

①将土豆洗净去皮,上火煮烂,滗出水,把土豆捣碎成泥,放上鸡蛋、盐、胡椒面,面粉25克,并混合均匀;将葱切成末,放在黄油里炒一下,倒入土豆泥中,再混合均匀。

②把土豆泥分成4份,全滚上面粉,用刀按成两头尖,中间宽的椭圆饼形,用刀在饼上按上纹路,做成树叶状。

③将煎盘上火,放入少许植物油烧热,把土豆饼下入,煎成金黄色即可。

④土豆饼码放在煎盘里,入炉烤几分钟,土豆饼鼓起,铲入盘中即成。

操作要领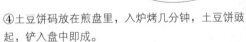

煎饼时掌握好火候、油温,不要煎焦、煎煳。

营养贴士

土豆含有丰富的膳食纤维,是非常好的高钾低钠食品,很适合当作早餐食用。

家常锅贴

TIME 25分钟

菜品特点
色泽黄黑
鲜美适口

▶ **主料**：猪肉馅200克，饺子皮适量

▶ **配料**：葱（末）200克，盐3克，胡椒粉2克，香油2克，植物油25克，姜、鸡蛋各少许

视觉享受 ★★★
味觉享受 ★★★
操作难度 ★★

🥄 操作步骤

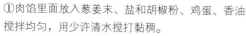

①肉馅里面放入葱姜末、盐和胡椒粉、鸡蛋、香油搅拌均匀，用少许清水搅打黏稠。

②饺子皮准备好，再准备一碗清水，将适量肉馅放入饺子皮中，饺子皮边缘刷上清水，两边皮捏牢即可，不用全部包上。

③煎锅中涂抹适量植物油，把锅贴紧凑码放，盖好锅盖开始煎制，一分钟后，烹入少量清水盖好锅盖继续煎制，两分钟后再次烹入少量清水，两三分钟

后，待水分耗尽便可用铁铲子一齐铲出。

🔥 操作要领

开始煎制，隔一两分钟要烹入少量清水，防止煎煳。

🍴 营养贴士

本道锅贴具有健脾养脾、养胃健胃、补血养血、补气益气、补充体力的功效。

小米饼

菜品特点

色泽金黄
美味健康

⊃ 主料: 小米、面粉各适量,鸡蛋1个
☞ 配料: 蜜糖15克,猪油10克,香油适量

视觉享受:★★★★★
味觉享受:★★★★★
操作难度:★

 操作步骤

①小米与水按1:1煮成饭,然后用筷子搅散,再盖上盖保温挡焖一会儿,焖好的小米饭与面粉、鸡蛋、猪油、蜜糖混合,用筷子搅拌出黏性。

②热锅,加香油,油热放上小米混合物,用勺子按成饼形,盖上盖子用小火煎,中间转动饼几次,使饼的各部分受热均匀,饼的表面颜色变深时,证明已经煎透了,小心地给饼翻一个身,再煎一会儿即可。

操作要领

根据个人喜好,可以淋上炼乳,自己搭配喜欢的水果。

 **营养贴士**

此饼具有滋阴养血、防治消化不良等功效,尤其适合老人、病人、产妇食用。

香煎南瓜饼

TIME 40分钟

菜品特点
外脆里酥

🔴 **主料**：小南瓜300克，面粉适量
🔵 **配料**：食用油、糖各适量

视觉享受：★★★
味觉享受：★★★
操作难度：★★

🔄 操作步骤

①南瓜洗净切开，蒸熟，蒸熟的南瓜压成泥倒入面粉中，加糖，搅拌均匀，揉成面团，饧发20分钟。
②揪出大小合适的剂子，搓成圆子，压扁。
③不粘锅放食用油，放入南瓜饼煎，一面煎好翻面，煎至金黄即可。

🔶 操作要领　◀◀◀

饼子不要太大，一个拳头大小就可以，油一定要多些，温火下锅，小火慢煎。

👉 营养贴士

传统的南瓜饼一般是采用油炸的居多，对老人、小孩的健康不是很好，这款南瓜饼采用的是煎的方式，用油更少，也更健康。

141

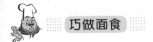

香蕉煎饼

TIME 25分钟

菜品特点
外酥里嫩
营养丰富

➡ **主料:** 面粉120克,香蕉适量

➡ **配料:** 鸡蛋1个,白糖15克,精盐1克,植物油适量

视觉享受: ★ ★ ★ ★ ★
味觉享受: ★ ★ ★ ★ ★
操作难度: ★

 操作步骤

①将面粉、鸡蛋、白糖、精盐、水按照用量混合调制成面糊,面糊不要调得太稀。

②香蕉去皮切片,在香蕉片表面拍上调制的面糊备用;平底锅放在火上,刷一层油,放入面糊,剪成两面金黄色即可。

操作要领

吃的时候蘸沙拉酱,口味更佳。

营养贴士

香蕉不仅能供给人体丰富的营养和多种维生素,还可以使皮肤柔嫩光泽、眼睛明亮、精力充沛、延年益寿。

辽宁锅贴

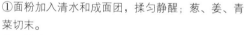

TIME: 40分钟

菜品特点

主料： 五花肉450克，面粉500克，骨头汤200克

配料： 水发海米40克，水发木耳10克，青菜500克，红方、酱油、精盐、味精、葱、姜、豆油各适量

视觉享受：★★★★
味觉享受：★★★★
操作难度：★★

操作步骤

①面粉加入清水和成面团，揉匀静醒；葱、姜、青菜切末。

②五花绞成馅，放入盆内加骨头汤和酱油，拌搅至起劲时，加入化开的红方、精盐、味精、葱末、姜末调拌均匀，最后加菜末、水发木耳、水发海米拌匀成馅。

③面团取小块搓条、下剂、擀皮，逐个放左手上，右手持馅板抹馅，四指略拢，右手三指抓紧边皮，形成中间紧合两头见馅的长条形。

④平锅放火上，淋入一层豆油，摆入锅贴生坯，加

适量清水，加盖煎至皮面变白，开锅盖，淋入豆油，随即铲动锅贴，使油布满锅底，再浇一次水，加盖焖4~5分钟，至熟透铲出，底部朝上摆在盘中间即成。

操作要领

第二次加水为第一次水量的1/3，火不宜太旺。

 营养贴士

猪肉具有补虚强身、滋阴润燥、丰肌泽肤的作用。

奶香玉米饼

菜品特点
奶香浓郁
美味爽口

- **主料**：玉米面 150 克，小麦面粉 50 克
- **配料**：温牛奶 250 克，酵母粉 5 克，白糖 25 克，植物油适量

视觉享受：★★★★
味蕾享受：★★★★
操作难度：★★

操作步骤

①将玉米面和小麦面粉放入盆中拌匀，放入用温牛奶泡开的酵母粉搅匀，放入白糖拌匀，静置发酵至面糊表面有气泡产生。

②将平底锅烧热，放薄薄一层油，将发酵好的面糊用小勺子舀一勺倒入锅中，用勺子背向四周推成圆饼，饼与饼之间留有空隙，用中火或中小火将两面都用少许油煎成金黄色即可。

操作要领

可根据自己的口味在制作面糊时酌情添加鸡蛋。

 营养贴士

玉米有预防心脏病和癌症的功效。

韭菜煎饺

TIME 50分钟

菜品特点
味道鲜美
营养健康

> **主料：** 面粉 500 克，韭菜 500 克，肉泥 330 克
> **配料：** 酱香烧烤酱、胡椒粉、料酒、醋、精盐各适量

推荐享受：★★★★
欢迎享受：★★★★★
操作难度：★

操作步骤

①面粉中加水、3 克左右的精盐搅拌揉成面团；韭菜洗净切碎，加少许精盐腌渍片刻，腌出水分后攥干；肉泥中加酱香烧烤酱、胡椒粉、料酒，一点点地加水搅拌成稠状，加入腌过的韭菜拌匀，制成韭菜馅。

②将面团揪成小剂子，擀成薄片，包入韭菜馅。

③锅内烧开水，放入 5 克精盐，放入包好的饺子，轻轻晃动下锅子，盖上盖烧开，中间添 2 次水，烧开。

④预热电饼铛，刷层油，摆上煮好的饺子，待底部定型后加少许醋水（比例为 1：10），盖上盖，待水分将干、底部金黄即可。

操作要领

煮饺子的时候锅里放点精盐，然后在饺子刚入锅时候轻轻晃动下，可以保证饺子不粘锅。

营养贴士

此煎饺具有温中、补肾、解毒、补血、护齿、保护骨骼等功效。

 生煎饺

TIME 50分钟

菜品特点
外酥里嫩
营养美味

💿 **主料：**饺子皮 600 克，猪肉馅 500 克，韭菜 250 克

🥢 **配料：**面粉 15 克，油、精盐、糖、生抽、虾皮各适量

视觉享受：★★★★
味觉享受：★★★★
操作难度：★★

🔃 **操作步骤**

①韭菜洗净沥干水，切碎后加入虾皮，再放入猪肉馅中调匀，并加适量精盐、糖、生抽和油调味，用饺子皮包好肉馅。

②锅中放少许油，将饺子放煎锅用中火煎，待饺子底部变黄后，用15克面粉加250克水兑开成面粉水，慢慢倒入煎锅中，盖上锅盖，中火慢煎至水全蒸发即可。

🔈 **操作要领**

油要多，才不会焦底。

☞ **营养贴士**

此生煎饺具有补肾壮阳、行气理血、润肠通便、滋阴润燥、保护心血管等功效。

蟹肉皮冻煎饺

视觉享受 ★★★★★
味觉享受 ★★★★★
操作难度 ★★

TIME 45分钟

菜品特点
口味鲜美

● **主料：** 面粉300克，蟹肉50克，皮冻70克，猪肉100克

● **配料：** 姜末、葱末、熟芝麻各少许，盐、鸡精、料酒、生抽、植物油各适量

操作步骤

①水、面粉加少许盐，放在盆里揉匀，盖上湿布醒面。

②猪肉搅成肉酱，加蟹肉、葱末、姜末、熟芝麻、盐、鸡精、料酒、生抽，顺一个方向拌匀，上劲后加入捏碎的皮冻，顺一个方向搅拌上劲。

③取出面团搓成长条，揪成等大的剂子，擀成中间厚四周薄的面皮，包入适量馅料，做成饺子坯。

④锅烧热加入少许油，放入包好的饺子，加入小半碗水，中火把水烧干，小火煎熟即可。

操作要领

可以根据个人的需要来调制馅料的味道。

营养贴士

猪皮适宜阴虚、心烦、咽痛、下利者食用。

147

培根土豆饼

TIME 50分钟

菜品特点
营养丰富
味道松佳

➡ **主料：** 土豆2个，培根4片，面粉适量

➡ **配料：** 橄榄油60克，黑胡椒3克，精盐1克，葱花适量

视觉享受：★★★★
味觉享受：★★★★
操作难度：★★★

操作步骤

①土豆洗净，切细丝，放入面粉中，加少量水搅拌均匀；培根切小块。

②锅中倒入少量橄榄油，大火烧至四成热，放入培根片，改中火煸炒出油后盛出。

③将炒好的培根块、葱花放入有土豆丝的面粉中，加精盐和黑胡椒，充分搅拌均匀。

④锅中倒橄榄油，烧至七成热，放入拌好的面糊，用勺压成饼状，煎至两面金黄色，取出切块即可。

操作要领

可以根据个人喜好，在面糊中加入鸡蛋。

营养贴士

培根具有健脾、开胃、祛寒、消食等功效。

TIME 20 分钟

菜品特点

酥嫩可口
清香松软

麦糊烧

- **主料:** 面粉 500 克
- **配料:** 盐 25 克,香葱末 100 克,菜籽油约 150 克,味精少许

阅览学习 ★★★★
跟做学习 ★★★★
操作难度 ★★★

操作步骤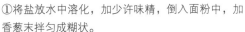

①将盐放水中溶化,加少许味精,倒入面粉中,加香葱末拌匀成糊状。

②锅置火上烧热,加少许菜籽油滑一下锅,待油开始冒烟时,倒入面糊,用锅铲将糊摊开,厚为 3~4 毫米,煎烤至表面起泡后,翻面后再煎烤一小会儿,出锅卷成卷,切段摆盘即可。

操作要领

麦糊烧煎烤后,食时可涂抹上奶油、辣酱或西红柿酱等佐料,其味尤佳。

营养贴士

面粉里富含碳水化合物、膳食纤维、蛋白质、烟酸和钙、镁、铁、钾、磷、钠等矿物质。

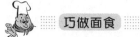

 香菇生煎包

TIME 30分钟

菜品特点
肉香四溢

主料: 小麦面粉300克，猪肉50克

配料: 香菇30克，酵母3克，盐7克，酱油、料酒各5克，白糖10克，植物油适量

视觉享受: ★★★★★
味觉享受: ★★★★★
操作难度: ★★

操作步骤

①猪肉洗净，剁成肉馅，加入盐、白糖、料酒、酱油调味；香菇泡发，切碎，放入肉馅内；在面粉中加水、酵母、白糖、盐混合揉成面团，静置发酵后排气滚圆，搓成条状，切分成小剂子，按扁，擀成面皮，填入馅料，包成包子状。

②平底锅底刷一层植物油，包子褶子朝上排入锅中煎一会儿后倒入小半碗水；盖上锅盖中小火焖熟后

开盖将水分收干，煎至底部金黄即可。

操作要领

建议馅儿不要放过多，以免馅露。

 营养贴士

猪大排有滋阴润燥、益精补血的功效。

台湾手抓饼

TIME 40 分钟

菜品特点
香酥可口
操作简易

● **主料：** 面粉 250 克
● **配料：** 植物油 50 克，盐 3 克

视频享受 ★★★★
味觉享受 ★★★★
操作难度：★★

操作步骤

①将面粉放入容器，加开水，一边加一边搅拌，拌匀成雪花状，然后加冷水揉成光滑的面团，用保鲜纸把它包好静置 30 分钟。

②面团擀成方形大薄片，在其上刷一层薄油并撒上盐，将面皮折成长条，盘旋成一个圆形，静置 10 分钟后按扁。

③将平底锅用小火烧热，加油，把饼放入，用中火煎烙，同时不断拍打挤压面饼，一面煎成金黄以后再煎另一面，两边金黄即可。

操作要领

折面片时，可以像折扇一样将面片抓在一起，这样可以做出多层效果。

营养贴士

小麦能缓解更年期综合症，患有脚气病者，末梢神经炎者，体虚自汗、盗汗、多汗者，宜食小麦。

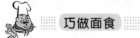

煎土豆饼

TIME 25分钟

菜品特点
颜色鲜艳
口感酥特

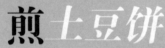

- **主料：**土豆 500 克，面粉 500 克
- **配料：**淀粉 300 克，鸡蛋 5 个，葱少许，植物油适量

视觉享受：★★★★
味觉享受：★★★★
操作难度：★★

操作步骤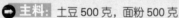

①土豆洗净切丝，放在凉水中浸泡一会儿，捞出待用；葱洗净切成葱花。

②将鸡蛋磕入碗中，搅散，放入土豆丝、葱花、面粉、淀粉搅拌均匀。

③平底锅中倒植物油烧热，将搅拌好的面糊沿着锅边慢慢倒进平底锅内，等一面煎至金黄后，再翻面将另一面煎至金黄。

④将煎好的一整张土豆饼放进盘内，然后用刀切成小块即可食用。

操作要领

因为搅拌好的面糊十分容易粘锅，所以在面糊下锅前，要在锅里多铺一些底油。

营养贴士

土豆含有丰富的膳食纤维，具有一定的通便排毒作用。

烙出来的
美味

 肉夹馍

TIME 60 分钟

菜品特点
松软可口
美味多汁

> **主料：** 面粉 350 克，带皮五花肉 500 克
>
> **配料：** 植物油 15 克，姜片、葱段、冰糖、老抽、生抽、料酒、桂皮、八角、草果、小茴香、豆蔻各适量

操作步骤

①面粉和成面团，发好后醒 10 分钟；醒好后分成小剂子，每个剂子揉圆再醒 5 分钟，然后擀成 0.6 厘米厚的圆饼；中火烧热平底锅，将饼坯放进去烙熟。

②带皮五花肉入滚水中余烫 5 分钟，捞起冲净切大块；炒锅入油，加碾碎的冰糖小火炒黄，转大火放五花肉翻炒至上色，放姜片、葱段、老抽、生抽炒至出油，放料酒、桂皮、八角、草果、小茴香、豆蔻炒出香味后，加水烧开转小火炖至肉烂即可。

③做好的五花肉捞起剁碎成丁，馍平切成夹子，夹入肉丁即可。

视觉享受：★★★★★
味觉享受：★★★★★
操作难度：★

操作要领

剁肉时可以加点尖椒、香菜等，以丰富口感。

营养贴士

猪肉可提供血红素，能改善缺铁性贫血。

TIME 30分钟

菜品特点
外酥内软
面香味浓

白面锅魁

🔵 **主料**：面粉1000克

🔴 **配料**：酵面100克，小苏打粉适量，熟猪油、熟菜籽油各少许

视觉享受：★★★★★
味觉享受：★★★★★
操作难度：★★

🔧 操作步骤

①将面粉放在案板上，中间扒个窝，加入酵面、清水揉匀，用湿布盖好，待发酵后，加入小苏打粉揉匀，搓成长条，揪成20个剂子。

②每个剂子分别揉后，用很少一点面沾熟猪油包入面剂内搓成圆团，按扁，用擀面杖擀成圆饼，即成锅魁生坯。

③整子上炉，烧至七成热时，抹一遍熟菜籽油，放上锅魁生坯，用手来回转动，烙至皮硬、略起芝麻

点时，放入炉内烘烤至熟即成。

🌀 操作要领

小苏打粉用量要适当，如果用量过多，面团易发黄。

👉 营养贴士

面粉富含蛋白质、碳水化合物、维生素和钙、铁、磷、钾、镁等矿物质。

盘丝饼

菜品特点

金黄透亮
酥脆甜香

主料： 面粉 500 克

配料： 白糖 150 克，盐、香油各适量，碱 2 克

视觉享受：★★★★
味觉享受：★★★★
操作难度：★★★

操作步骤

①将面粉放入盆内，加适量水、碱、盐和成软硬适宜的面团。

②用抻面的方法拉成细面条，顺丝放在案板上，在面条上刷上香油，将面条切成小坯。

③取一段面条坯，从一头卷起来，盘成圆饼形，把尾端压在底下，用手轻轻压扁。

④放入平锅内慢火烙至两面呈金黄色成熟即成。

操作要领

一定要用小火，慢慢煎熟，用大火，外面都焦了，里面还没熟。

营养贴士

面粉富含蛋白质、碳水化合物、维生素和钙、铁、磷、钾、镁等矿物质，有养心益肾、健脾厚肠、除热止渴的功效。

TIME 30分钟

菜品特点
色泽金黄
营养健康

农家贴饼子

🔴 **主料：** 粗玉米粉 120 克，小米粉 100 克，黄豆粉 80 克

🔵 **配料：** 酵母粉 2 克，植物油适量

粗犷享受：★★★★
味觉享受：★★★★
操作难度：★

🔄 操作步骤

①把粗玉米粉、小米粉和黄豆粉加水和酵母粉，揉成面团，醒发 30~50 分钟，醒发至 1.5 倍左右，用手团成小的面团。

②铁锅放少半锅水烧开，把小饼按扁贴在锅边上，15 分钟左右即熟。

③熟后用铲子铲出直接放入盘中即可。

🔷 操作要领

根据个人喜好，可以在和面时加入一些鲜玉米浆，可以让玉米香更浓。

👉 营养贴士

玉米中含有大量的营养保健物质，除了含有碳水化合物、蛋白质、脂肪、胡萝卜素外，还含有核黄素等营养物质。

赖桃酥

TIME 40分钟

菜品特点
香甜酥粉
质地细腻

● **主料：** 特粉、熟粉各适量
● **配料：** 麻油、瓜元、玫瑰、桃仁、川白糖、操作步骤

视觉享受：★★★★★
味觉享受：★★★★★
操作难度：★★

操作步骤

①制皮：麻油平均分为2份，1份与特粉、川白糖和小苏打拌和，1份熬至150℃左右，与前一份掺和炒制，至烫手时加开水，边加边炒，炒至料熟皮嫩时起锅，待完全冷却后，按分量分皮。

②制心：各种果料和桃仁应先刹碎，颗粒约玉米粒大小；芝麻去皮炒熟，与川白糖、麻油、饴糖拌和均匀，按分量捏成心团。

③包心：皮心重量各半，包心后底部需垫薄纸。

④烘焙：炉温280℃左右，先烘焙2~3分钟后取出压扁，使其自然裂口，接着再烘培1~2分钟即可。

操作要领

制皮过程中，加的开水量为糖、粉总量的20%左右。

营养贴士

桃仁有祛痰血、抗炎、抗过敏等功效。芝麻、樱桃、饴糖、小苏打各适量

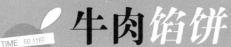 牛肉馅饼

 TIME 50 分钟

菜品特点
口味咸鲜

视觉享受: ★★★★★
味觉享受: ★★★★★
操作难度: ★★

● **主料:** 小麦面粉 400 克, 牛肉 600 克, 白菜 250 克
● **配料:** 酱油 30 克, 盐 2 克, 味精少许, 葱末、酵母、花生油各适量

操作步骤

①牛肉绞过后加酱油、盐、味精调味; 白菜洗净,
切成细末; 将牛肉、白菜、葱末拌匀。

②面粉用冷水、酵母和匀, 揉搓 5 分钟, 再抹花生
油少许, 揉匀, 静置 20 分钟; 将面团分成小段,
按扁后用擀面棍擀成皮; 包入馅料, 捏合成馅饼。

③平底锅大火烧热, 放入馅饼略按扁烘一会儿, 倒
入花生油, 烙成两面金黄, 盛出切十字供食。

操作要领

烙馅饼需要耐心, 一面烙至焦黄之后, 要及时翻面。

营养贴士

牛肉富含蛋白质, 可补充能量。

玉米饼

TIME 30分钟

菜品特点
酥脆软香
营养健康

> **主料：** 玉米粉160克，面粉80克
> **配料：** 泡打粉、鲜玉米粒、植物油、白糖各适量

视觉享受：★★★★★
味觉享受：★★★★★
操作难度：★

操作步骤

①玉米粉、泡打粉、面粉、鲜玉米粒、白糖放入容器中混合，加入适量的清水和成面团醒15分钟。

②醒好的面团揉匀，搓成长条，切成若干剂子，取一个剂子用手搓圆，压成一个小饼，剩下的也依次压好。

③电饼铛放入植物油，放入玉米饼，烙至两面金黄即可。

操作要领

放点泡打粉，玉米饼吃着更松软。

营养贴士

玉米中的天然维生素E有促进细胞分裂、延缓衰老、防止皮肤病变的功能，还能减轻动脉硬化和脑功能衰退。

香椿烘蛋饼

菜品特点
蛋香浓郁
香椿清香

➡ **主料：** 面粉125克，香椿1把，鸡蛋2个

➡ **配料：** 食用油、食盐、十三香各少许

视觉享受：★★★★
味蕾享受：★★★★
操作难度：★

✍ 操作步骤

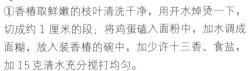

①香椿取鲜嫩的枝叶清洗干净，用开水焯烫一下，切成约1厘米的段；将鸡蛋磕入面粉中，加水调成面糊，放入装香椿的碗中，加少许十三香、食盐，加15克清水充分搅打均匀。

②平底锅置火上，刷一层薄薄的食用油，锅稍热后倒入适量搅拌好的面糊，盖锅盖焖1分钟左右，出现蜂窝，全部凝固即可。

♨ 操作要领

如果担心不熟，可以翻面稍微煎一会儿。

☞ 营养贴士

香椿具有开胃健脾、抗衰老、美容、清热利湿、祛虫疗癣等功效。

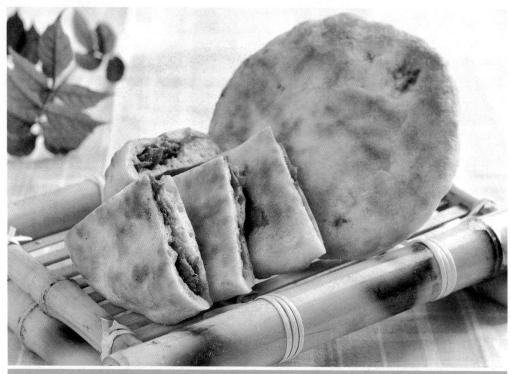

肉火烧

菜品特点
色泽酱黄
鲜香可口

🔴 **主料**：面粉、羊肉各适量

👉 **配料**：花生油、明矾、芝麻油、花椒水、精盐、黄酱、姜汁、葱花各适量

视觉享受：★★★★★
味觉享受：★★★★★
操作难度：★★

🍳 操作步骤

①将羊肉洗净，剁碎，和花椒水一起放入盆内，加入精盐、黄酱、姜汁和适量凉水拌匀，再放入葱花、芝麻油拌匀成馅。

②锅内涂上花生油，倒入凉水，用旺火烧沸，放入明矾，溶化后放入面粉搅拌烫熟，立即取出，晾温后放在涂有花生油的案板上揉匀，盖上湿布醒30分钟。

③将醒好的熟面放在案板上搓成直径3.5厘米的圆条，揪剂摁成圆皮，包上馅成桃状，揪去收口处的面头，摁成圆饼。

④电饼铛里擦少许油，放入肉饼，上面也抹油，盖盖烙至两面金黄即可，中间可多翻面几次。

⚡ 操作要领 ◀◀◀

明矾只要放一点点就行，多了有可能对身体造成伤害。

👉 营养贴士

羊肉具有温补脾胃、温补肝肾、补血温经、保护胃黏膜等功效。

土家酱香饼

TIME 50分钟

菜品特点
辣而不辛
咸香松翘

> **主料：** 面粉 300 克
>
> **配料：** 植物油 30 克，郫县豆瓣酱、甜面酱、蒜蓉辣酱各 10 克，孜然粉、花椒粉、八角粉各 5 克，熟芝麻、冰糖、葱花各适量

视觉享受 ★★★★
口味享受 ★★★★★
操作难度 ★

操作步骤

①一半面粉加开水，搅拌至水分消失，揉成团；一半面粉加凉水，搅拌至水分消失，揉成团，将两种面团揉成一个大面团，醒 30 分钟。

②炒锅放油，加几颗冰糖，当冰糖化掉时，放入三种酱（郫县豆瓣酱要事先剁碎一点），小火炒香，放小半碗水烧开，放适量孜然粉、花椒粉、八角粉，中火煮成稀粥状时关火。

③将芝麻放入锅中，小火炒香，一半碾成芝麻碎，其余备用。

④将醒好的面团分成 3 份，取其中一份擀成大薄片

撒上花椒粉和熟芝麻碎，卷起后收紧两头，向相反方向旋转，压成圆饼，擀成薄圆饼，放入预热好的电饼铛中，烙至两面微黄，刷上炒好的酱，撒上熟芝麻、葱花，盖上盖再烙 2 分钟，出锅切小块即可。

操作要领

炒的酱不要太干，否则不好往饼上刷，也不要太稀。

营养贴士

此饼具有养心益肾、健脾厚肠、除热止渴等功效。

酥饼

TIME 60分钟

菜品特点
皮酥撇香
美味可口

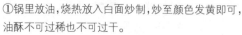
主料: 黄豆面粉、小米面、白面各适量

配料: 食用油、白糖、白芝麻各适量

视觉享受：★★★★
味觉享受：★★★★
操作难度：★★

操作步骤

①锅里放油，烧热放入白面炒制，炒至颜色发黄即可，油酥不可过稀也不可过干。

②把黄豆面、小米面、白面放在面盆里，放一点点碱面，加水，和好面放一边醒 20 分钟。

③把和好的面用擀面杖擀成一张大的薄饼，把炒好的油酥用勺子均匀的抹在薄饼上，从下往上卷，卷成一个长条，把卷好的长条揪成一个个的小剂子，会看见里面有一圈圈的油酥，把剂子擀成薄片放点糖包上再摁成圆饼，表面撒上一层白芝麻。

④锅里放油烧热，放入摁好的圆饼，用小火烙，烙至两面金黄即可。

操作要领

中间的两次擀卷和松弛，可以使口感更加酥脆。

营养贴士

小米味甘咸，有清热解渴、健胃除湿、和胃安眠等功效。

葱花鸡蛋饼

TIME 20分钟

菜品特点
软嫩可口
老少皆宜

⬤ **主料：** 面粉 100 克，鸡蛋 1 个

⬤ **配料：** 葱花 20 克，精盐、五香粉、植物油各少许

视觉享受：★★★★
味觉享受：★★★★★
操作难度：★

🔄 操作步骤

①鸡蛋在碗中打散，加入水、面粉、葱花、五香粉、精盐调匀成面糊。

②平底锅烧热，加入少许油，将面粉液倒入锅内，拿着锅把按逆时针方向摇晃，使鸡蛋液慢慢扩散变薄、成型。

③鸡蛋饼烙一会儿，用铲子翻面，烙一下反面，出锅即可。

♨ 操作要领

面糊一定要稀，否则烙出来的鸡蛋饼不会薄。

👉 营养贴士

鸡蛋蛋白质的氨基酸比例很适合人体生理需要，易为机体吸收，利用率高达 98% 以上，营养价值很高。

杏仁酥

TIME 30分钟

菜品特点
口感酥脆
营养丰富

主料：猪油50克，低粉100克，杏仁粉20克

配料：泡打粉0.6克，小苏打1克，鸡蛋15克，白糖50克，杏仁片、蛋液各少许

视觉享受：★★★★
味觉享受：★★★★★
操作难度：★★

操作步骤

①猪油室温下软化后加入白糖，用电动打蛋器打发，再分次加入鸡蛋打发。

②低粉、泡打粉、小苏打混合过筛，倒入打发好的猪油中，再倒入杏仁粉，揉成团，分成8份。

③在表面刷蛋液，沾杏仁片，放入预热180℃的烤箱中层烤18分钟左右即可。

操作要领

猪油软化至20℃最佳。

营养贴士

猪油具有改善血液循环、延缓衰老、抗氧化等功效；杏仁具有止咳平喘、润肠通便等功效。

TIME 36 分钟

菜品特点
口感酥软
美味可口

手撕饼

● **主料：** 面粉适量
● **配料：** 色拉油、辣椒粉各适量

视觉享受：★★★★★
味觉享受：★★★★★
操作难度：★

操作步骤

①用温水把面粉先做成面穗状，把面盖起来避免表皮发干，醒 10 分钟左右，取出放在面板上，分割成大小合适的剂子。

②将分好的剂子擀开，在上面抹色拉油和辣椒粉。然后像折扇子一样，把面皮折起来，再从一端卷起来。将面皮卷好之后，尾端塞入底部，少沾面粉，将面皮按扁，擀成手撕饼面胚备用。

③煎锅放火上，锅热倒入少许色拉油，放入面胚烙制，一面变成金黄色后，翻面烙另一面。可以用锅铲不

停地转动饼并轻轻敲打，使饼随着敲打层次更加分明。

④两面金黄时，饼便熟了，出锅即成。

操作要领

经过锅铲敲打的饼，层次分明，轻轻一抖，能松散开。所以这步不能省略。

营养贴士

辣椒具有温中健胃、散寒祛湿的功效。

 小根蒜烙盒

TIME 40分钟

菜品特点
辛辣爽口

视觉享受：★★★★
味觉享受：★★★★
操作难度：★★

> **主料：** 小根蒜、酸菜心各 200 克，面粉 400 克
> **配料：** 鸡蛋 2 个，盐、胡椒粉、酱油、蚝油、芝麻油、植物油各适量

 操作步骤

①小根蒜洗净剁碎；酸菜心剁碎；鸡蛋打到碗里，加盐搅拌。

②锅倒植物油烧热，放入鸡蛋，炒熟后盛出，剁碎，放在盆里，加入根蒜、酸菜心、胡椒粉、酱油、蚝油、芝麻油拌匀。

③面粉用开水烫过和成面团，静置 30 分钟，将面团揉匀，搓成长条，分成等大的剂子，按扁，擀成圆片，包入馅料。

④平底锅放油烧热，放入盒子，烙至两面金黄后即可取出食用。

 操作要领

小根蒜比较辛辣，所以要在馅中添加其他菜料。

营养贴士

小根蒜有治疗肝炎、白细胞减少等症状的功效。